未读 ADR | 探索家

[美]

大卫·布拉特纳
DAVID BLATNER

著

阳 曦

译

宇宙的尺度

从无穷大
到无穷小

SPECTRUMS

OUR MIND-BOGGLING UNIVERSE FROM INFINITESIMAL TO INFINITY

宇宙的尺度：从无穷大到无穷小

[美] 大卫 · 布拉特纳 著
阳曦 译

图书在版编目（CIP）数据

宇宙的尺度：从无穷大到无穷小 /（美）大卫·布拉特纳著；阳曦译．— 北京：北京联合出版公司，2017.6（2020.8 重印）
ISBN 978-7-5596-0025-7

Ⅰ．①宇… Ⅱ．①大… ②阳… Ⅲ．①宇宙－普及读物 Ⅳ．① P159-49

中国版本图书馆 CIP 数据核字 (2017) 第 067960 号

SPECTRUMS: Our Mind-boggling Universe from Infinitesimal to Infinity

by David Blatner

© David Blatner, 2012
Published by arrangement with Bloomsbury Publishing Plc.
Simplified Chinese translation copyright © 2017 by United Sky (Beijing) New Media Co., Ltd.
All rights reserved.

北京市版权局著作权合同登记 图字:01-2017-2151

出品人 唐学雷
选题策划 联合天际
责任编辑 喻 静 刘 凯
特约编辑 边建强
封面设计 满满特丸设计事务所

出 版 北京联合出版公司
北京市西城区德外大街 83 号楼 9 层 100088
发 行 北京联合天畅发行公司
印 刷 小森（北京）印刷有限公司
经 销 新华书店
字 数 200 千字
开 本 889 毫米 × 1194 毫米 1/24 8 印张
版 次 2017 年 6 月第 1 版 2020 年 8 月第 4 次印刷
I S B N 978-7-5596-0025-7
定 价 55.00 元

关注未读好书

未读 CLUB
会员服务平台

本书若有质量问题，请与本公司图书销售中心联系调换
电话：(010) 52435752 (010) 64258472-800

未经许可，不得以任何方式
复制或抄袭本书部分或全部内容
版权所有，侵权必究

SPECTRUMS

献给加布里埃尔和丹尼尔，

你们帮助我客观看待一切。

目 录

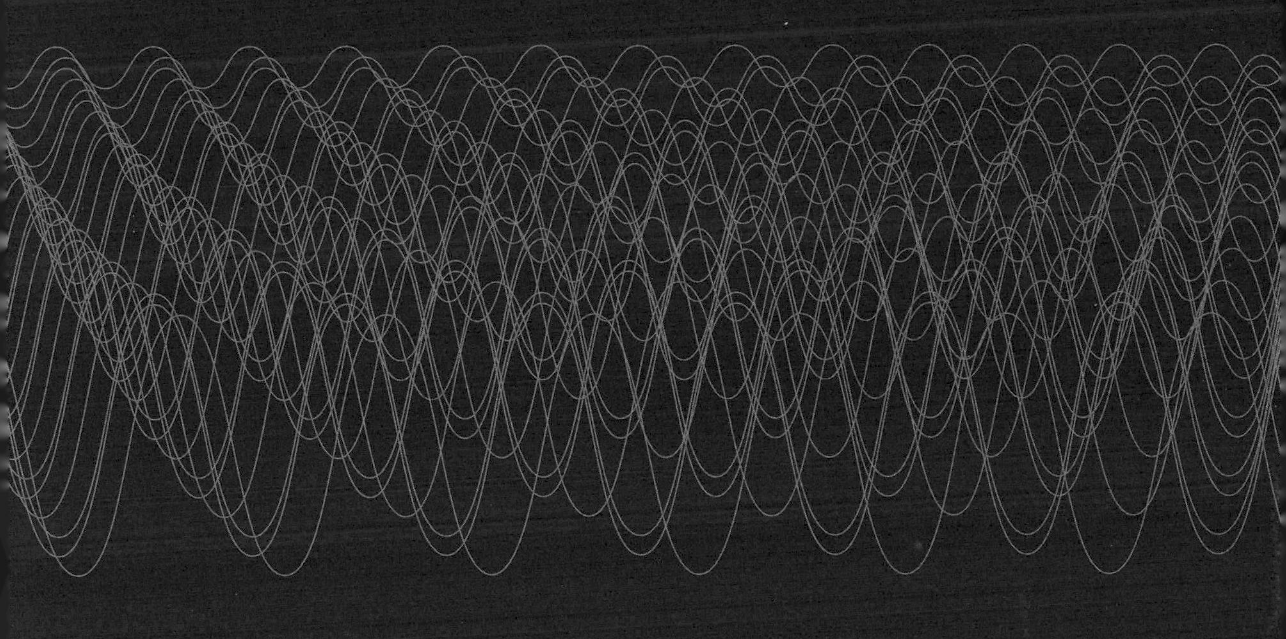

愤怒的渐变

冷漠
沉寂
沉着
安宁
平静
平和
不悦
警惕
不安
急躁
焦虑
焦灼
烦躁
气愤
生气
愤怒
激愤
狂怒
疯狂
暴怒
核爆般的愤怒

前言

科学与艺术拥有共同的使命——

以前所未有的角度观察，从平凡的事物中发现惊喜。

——霍华德·布卢姆，美国作家

母亲常常好意提醒我："永远不要拿你自己跟别人比，这样的比较毫无益处，只会徒增痛苦。"我明白她的意思，但比较是人类的天性，无论对象是人还是事。面对一切事物，我们总会不由自主地对比、筛选、区分，寻找规律，分析相似点，发现不同之处。所以我们才会拥有眼睛、耳朵、味蕾、神经细胞和大脑：这些器官帮助我们比较自己和外界事物，它是大是小，是快是慢，是热是冷。通过比较，我们得以理解这个极度复杂的世界，建立审美，组成社会。

> 我由衷景仰那能从最细微处彰显其存在、令愚拙如我辈者亦能理解的至高之灵，它是我宗教信仰的一部分。
>
> ——阿尔伯特·爱因斯坦

把两样东西放到一起比较，二元性就此诞生：彼或此，零或一，黑或白。但如果想比较四个、八个乃至十六个东西，你就会开始寻找"谱系"（spectrums）：某种范围，或者说由此及彼的一个连续系统。例如，光线暗一点或亮一点，声音大一点或小一点。观察得越仔细、测量的工具越灵敏，得出的结果就越精确，你对周围环境的了解也就越深入。

在本书中，我试图帮助大家感受六种谱系的不同尺度，这六种谱系与我们的日常生活密切相关，它们分别是数字、尺寸、光、声、热和时间。的确，除此以外可供探索的谱系还有很多——密度、重量、化学浓度（我们可以通过嗅觉和味觉去感受它），等等——但本书选择的六种谱系是科学界研究得最透彻的，同时也很好地代表了我们的日常生活。是的，在探索中我们会发现，我们必须时时比较自己和其他事物，但我相信，这样的比较不会带来痛苦，反而会令我们感到惊奇、敬畏和谦逊。

本书书名（英文书名）我使用了复数的spectrums（谱），而非spectra（范围），这是有原因的：虽然两个词都能表达“谱系”“尺度”的含义，但不幸的是，spectra带有超自然的暗示，常常跟鬼魂、灵魂之类的概念联系在一起。实际上，spectrum、spectra、spectral和specter这几个词都来自拉丁文里代表“视角”“视觉”的词语，但现在我们时常用这几个词来描述一些看不到、摸不着的现象。过去一个世纪以来，许多与科学有关的词语语义都得到了拓展，例如“维度”“演化”甚至“能量”。今天，spectrum（谱）这个词可以用来形容任何成系列的特征或想法。

人类的尺度

道格拉斯·亚当斯在他的经典著作《银河系搭车客指南》中讲过一个故事，一支庞大的外星舰队前来袭击地球，结果他们发现自己在尺度上犯了个致命的错误：这支大军刚在公园里着陆，就被一条小狗吃掉了。虽然我们并未计划（但愿吧）发动一场星际侵略，但这个故事告诉我们：与世界互动的过程中，我们应该时常评估自己的视角和设想，这非常重要。

不幸的是，我们总是倾向于以人类的尺度为基础建立对现实的感知，忽略那些不可见而且常常极度反直觉的广阔世界。正如生物学家理查德·道金斯所说，“我们的身体只能驾驭某个有限范围的尺寸和速度，因此，大脑也演化出了对该范围的规则认知”。让我们感觉舒适的这个范围，道金斯称之为“中间世界（Middle World）……真实世界中被视为正常的一小段；与之相对，特别小、特别大和特别快的世界都让我们感觉怪异”。中间世界包括能够轻松步行到达的距离、不超过人类平均寿命的时间以及在地球上可以感受到的温度范围，大致从冰的寒冷到火的灼热。

毫无疑问，在建筑学、人体工程学设计、零售业和娱乐业等领域，人类习惯的范围是从业者考虑的重点。但是几千年来，我们直觉地认为，世界上存在某些超越感知的东西，某些更伟大、更深远的东西。我们生活在相对温和的“中间世界”里，这个事实同时催生了萨满传统和某些最伟大的神话。按照古希腊人和古印度人的描述，我们的世界就像三明治的夹层，上下各有其他世界，分别生活着神灵和恶魔。基督教和北欧神学体系也描述了中间世界的人们向往（或恐惧）的其他世界，那些或高或低的世界隐藏在俗世的面纱之后，卓然天成。

更加触手可及的是，我们可以通过显微镜真正看到层层嵌套的世界，诠释着我们习以为常的物理学和生物学规则，但令人惊异的是，在那些世界里，某些日常的规则可能不再适用。现代望远镜让人类的视野超越了可见光的范围，不可见但能探测到的X射线、伽马射线和微波成了我们了解宇宙的工具，透过望远镜，一个比想象中更宏伟、更怪异的宇宙展现在我们面前。

在科学的引导下，我们发现，人类尺度以外的国度远比我们的中间世界丰富得多。在这个宇宙里，我们能够感知、触摸、观察、聆听甚至理解的部分都只是沧海一粟。光怪陆离、五花八门的现象很容易让我们头脑陷入混乱，要扩展想象力，理解更加宽广的世界，这并不容易。从十亿年到十亿分之一秒，从万亿个原子到万亿分之一米，是的，必须探索谱系的各个尺度，我们才能真正理解自己在宇宙中的位置。

“我的任务就是说服你，不要因为它看起来很费解就转开头去……你看，我物理课上的学生也无法理解它……因为教授自己都没弄明白。实际上，没有任何人明白。这件事最让人激动的地方在于，大自然的古怪超越任何想象！自然规律怪得让人难以置信……就连我也不明白！但神秘感正是它的有趣之处！”

—— 理查德·费曼，

物理学家、诺贝尔奖得主

无所不在的谱系

谱系——我所说的不仅是本书后文即将介绍的物理谱系，也包括更加广义的谱系——不仅能帮助我们分析自己所处的世界，还有许多其他用途。有了谱系，我们才能彼此交流对这个物质世界的看法，让对方明白自己想要什么。

比如说，你试图向图形设计师描述一种颜色，你可能会说：“黄色，阳光般灿烂的明黄色，就像一磅黄油那样。”在这句话里，你引入了两个谱系：色调和亮度（或者说得更专业一点，光的频率和振幅）。谱系就像一套模型，或者一张地图，反映着我们周围（或体内）世界的某个维度。所以，如果你听到钢琴或小提琴弹出某个特定的音，你或许马上会想到另一个略高或略低的音；呷一口咖啡，你立即明白，要是它能稍微热一点儿的话，味道会更好。日常生活中的琐碎比较看似微不足道，但是，我们能在脑子里构建这样的“地图”和谱系，甚至能从已知推出未知，这正是人类头脑的惊人能力之一。

当然，就连最渺小的细菌都会简单比较外界环境的酸度，由此产生偏好，或者说基本的倾向。但是，随着生命变得越来越复杂，你能识别的谱系或类别越多，越能分辨这些谱系之间的差异，那么你对世界的理解就越深刻，交流起来越方便，生活也越丰富。说到底，在一盒 8 色蜡笔和一盒 64 色的之间，你更愿意挑哪盒来画画？

“我们看到的不是事物本身，而是我们自己的投影。”

——阿内丝·尼恩，法裔美国作家

谱系能描绘的远不止物理度量，你也可以用它表达个人的价值观和审美。任何一位心理学家都会告诉你，如果你试图形容自己的愤怒程度，那么最好使用这样的句子：“如果把愤怒分为 1 级到 10 级，那么我现在大约是 8 级。”而不是简单使用二元化的“我很生气”和“我不生气”。当然，很多体育比赛也采用同样的评分体系，比如说，在奥运会的花样滑冰项目中，裁判会基于预先取得共识的谱系来衡量选手的技术能力和姿态——7.4 分和 7.8 分之间有何区别，每个人都会有自己的直觉性判断；总而言之，就是后者比前者好了那么一点点。

当然，不是所有事物都能套入某个谱系。音乐的节奏可以纳入谱系，但你却无法用谱系来描绘各种乐器的音色。音色是泛音与和声的非凡组合，通过音色，我们可以分辨双簧管与小提琴，哪怕它们弹奏的是同样的音调；音色是特性，是质地，是独一无二的形状。

你不能说圆有多圆，也不能说毕加索有多毕加索，所以同样，序列不一定能成为谱系。当然，你可以把蝴蝶的生命周期刻成一把尺子，用它来衡量每一条毛毛虫，但你无法用一个参数、一个维度来描述蝴蝶，所以不存在什么“蝴蝶的谱系”。

我们最丰富的体验来自两个或两个以上谱系的碰撞。比如说，频率（音调）、振幅（响度）、时机（节奏）等因素的复杂互动构成了令人赞叹的音乐。但音乐本身不是谱系。

从另一个方面来说，某些谱系非常主观，难以衡量，例如幽默。毫无疑问，对你来说，某个笑话肯定比另一个好笑，但问题在于，就算这个笑话能逗得你把牛奶从鼻子里喷出来，那也肯定有人对它完全无动于衷；你甚至可能发现，你的孩子或父母就对它毫不感冒。精神病学家以谱系来衡量自闭症，哲学家也用谱系来衡量意识，但这些谱系都非常容易引发争议（海豚的自我意识比马强吗？），需要不断更新评估。

“你有没有发现，开车比你慢的都是蠢货，比你快的都是疯子？”

——乔治·卡林，美国单口喜剧表演者、演员、作家

归根结底，谱系固然重要，但它并不比任何地图或模型更加“真实”。如果你的观察角度不对，或者自身的理解有局限，那也很容易出现谬误。天空中的太阳和月亮看起来差不多大小，但实际上太阳的直径几乎是月亮直径的400倍。同样，空气中有一点点氨你就会觉得刺鼻，但其他很多化学物你的鼻子都闻不出来，无论你多么努力吸气。显然，在讨论谱系时，我们必须保持客观的态度，不光要审视自身的经验，还要考虑以何种方法去测量、解释自己感觉到的东西。

无穷的灵敏度

我们在短暂的时间里走过了漫漫长路。仅仅在两个世纪前，我们还不知道电和磁有关；而在一个世纪前，我们还不确定宇宙中是

否有其他星系存在。但20世纪以来，每个十年人类都能突破某个谱系的极限——我们从根本上拓展了宇宙的年龄和星系的数量、开始测量原子的大小、成功突破声障，甚至开始测量恒星爆炸的巨大能量。进入21世纪以后，我们继续飞速前进，但比起以前的高歌猛进、不断打破谱系极限，现在的突破变得越来越细腻，测量的灵敏度呈指数式上升。

> “我们对任何事物的了解都不到百分之一的百万分之一。”
>
> ——托马斯·爱迪生

但是，要多灵敏才算足够？当然，踢足球时百万分之一秒的误差完全无伤大雅，而若是讨论地球再过多久就会变得不适合居住，10亿年的偏差似乎也不算什么。这个道理一目了然，但仍值得我们专门提出：不管讨论的是什么谱系，根据讨论者和讨论对象的不同，它总有一个黄金范围，包括跨度和灵敏度两个方面。

旁观一位专业的音乐家摆弄乐器，你会惊讶地发现，他总能听出音高或音调的细微差别，而你却完全一无所觉。这样微妙的区别对你来说无伤大雅，但音乐家敏感的耳朵让他有能力创造出更丰富、更令人愉悦的乐音。

事实上，几乎所有的专业知识都需要一个或多个谱系更高的灵敏度。印刷工人扫一眼新闻标题就能凭直觉指出，如果把两个字母

▲ 看看数十亿雪花中的一片，它的直径只有3毫米

之间的距离缩小 1/10 毫米，整个版面看起来会更加和谐；摄影师能看出某张彩色照片需要加 1% 的洋红；调香师知道香调什么时候该从柑橘转为干木头或青草味。

这样的敏感看似惊人，但几乎任何人都能学会这些技巧。事实上，研究者已经证明，通过训练，人甚至能像狗一样嗅出气味痕迹。（提示：气味分子比空气重，所以要想发现它们，你最好贴着地面）要培养这类能力，关键在于强烈的学习冲动。科学界也一样：某位生物学家可能惊叹于细胞线粒体内复杂的生物学机制，但另一位潜心研究跨大陆生态系统的学者则对此完全无动于衷。

正如英国人类学家格雷戈里·贝特森曾经写的："信息是造就了差异的差异。"为了增强灵敏度、提高能力，首先我们必须认清这一事实：差异客观存在，而且比我们想象的更加微妙。曾经有一个人告诉我，他在印刷行业工作了 10 年，直到最近他才发现，Times 字体和 Helvetica 字体是有区别的——在此之前，他在工作中从不曾触及这个微妙的差别，直到某天他接到一个设计传单的任务，某扇大门轰然洞开，他头一次发现世界上竟有这么多五花八门的字体！

在婚姻中你或许会发现，有时候你的配偶觉察到的东西，你却一无所知。比如说，她会诉说你们一位共同的朋友在某个社交场合中的举动如何让她感到不适，或者抗议你的车开得太快。你也许会抱怨她"过于敏感"，但是，是否存在这样的可能性：对于某个特定谱系的细微差别，你就是不如她那么警觉？

哈勃太空望远镜刚开始把图片传回地球时，天文学家为这些照片的清晰度感到震惊，以前一直藏在迷雾中的许多东西第一次揭开了神秘的面纱。黑暗深空中模糊不清的一团原来是混在一起的好几个星系，我们对世界的理解和期待都得到了提升。我们相信，现在可供探索的东西甚至比以前更多——无论是在外部还是内部，从亚原子的领域，到速度超乎想象的世界，甚至再到最神秘幽深的维度：

"一旦投进这个旋涡，你将有一瞬间的机会瞥见宇宙的无穷广袤到底有多么难以想象，其中某处将有一个小小标记——一个极其微小的点上的一个极其微小的点——上面写着'你在这里'……如果生命存在于如此大尺度的一个宇宙中，那么，有一件事是它所绝对无法承受的：感知自己和宇宙的比例关系。"

——道格拉斯·亚当斯，《银河系搭车客指南》（*The Hitchhiker's Guide to the Galaxy*）

意识。

如果我们能造出比哈勃还要灵敏一千倍的太空望远镜，那会怎样？或者有了比现在最先进的显微镜还要灵敏一万亿倍的设备？跨宗教活动家韦恩·提士道曾说，上帝“无限灵敏”。当然，无论你的信仰是宗教还是科学，这都是值得追求的终极梦想。

“我现在隐约怀疑，宇宙的奇异之处不仅超乎我们的想象，而且超越了我们的想象能力。”

——J.B.S. 霍尔丹，

20 世纪进化生物学家

惊奇之路

踏上冒险的旅程之前，我必须警告你：每个谱系都会从有趣开始，随后令人肃然起敬，最后则很可能让你感到眩晕。很难想象我们在宇宙中是如此渺小而微不足道，与此同时，又是如此伟岸而不可或缺。

显然，想要触及群星，你必须脚踏实地。但是，我们该去哪儿寻找可供立足的坚实地基？这个问题不太容易回答，因为——我知道作为一个作者，在书的开头这么说不太礼貌——你太无知了。我无意冒犯，亲爱的读者。实际上我们所有人都很无知，如此而已。问题在于：傲慢的人类希望并认为自己能够弄清宇宙的所有奥秘，但实际上，我们做不到。

比如说，显而易见，所有物质都有重量，但我们却不知道这是为什么。是的，这跟引力有关，当然，我们也不知道引力为何起效！这是个未解之谜。为什么时间总是一往无前，从不倒流？原子内部真的存在大小是质子的万亿分之一、不断扭动的能量之弦吗？我们不知道，而且随着时间流逝，一个事实越来越清晰：我们可能永远不会知道。

我们就像那个古老故事里的盲人，每个盲人都能描述大象的某个方面——尾巴、鼻子或腿——但谁也无法理解大象的全貌。尽管我们想方设法探索宇宙的每个角落，研发最精良的设备，但是到头来，我们也许只能看清“整头动物”的一小部分。

于是，我们不断试图突破极限、寻找答案，结果所得甚少，涌现的问题却越来越多，最前沿的科学也越来越像哲学小册子或科幻小说。三维空间真的存在吗？虽然我们从小到大一直这样坚信，但是，时间和距离是否只是一层面纱，掩藏着遥远陌生的真相，就像某种经过精心伪装的全息投影？或许印度教徒和佛教徒一直是对的，我们的整个宇宙只是“摩耶”*，是梦幻泡影；又或许柏拉图的“洞穴寓言”早已道出真相，由于感官的限制，可能也因为我们对感觉到的东西理解能力有限，所以我们看到的一切只是真实世界在墙上投下的影子。

然而，无法探知一切并不意味着我们应该停止尝试，并——顺便——享受随之而来的惊奇、敬畏、喜悦和归属感：我们也是整个神秘谱系的一部分。只要能保持好奇心，“变得像孩子一样”，不畏探索，不因所知太少而羞愧，那么在时间的长河中，我们一定能学到更多知识，发现更多秘密，积聚更强的能力——去探索谱系的广度和深度，拥抱它们带来的无限可能。

“对于自己来处的虚无和去处的无垠，人类都同样看不清楚。”

——布莱士·帕斯卡，

17 世纪数学家、物理学家、思想家

* 摩耶（maya），这个概念是印度教对世界最根本的看法，其基本意思是，世界是“梵”通过其幻力创造出来的，因而是不真实的，只是一种幻象。——译注。书中注释如无特别说明均为译者注。

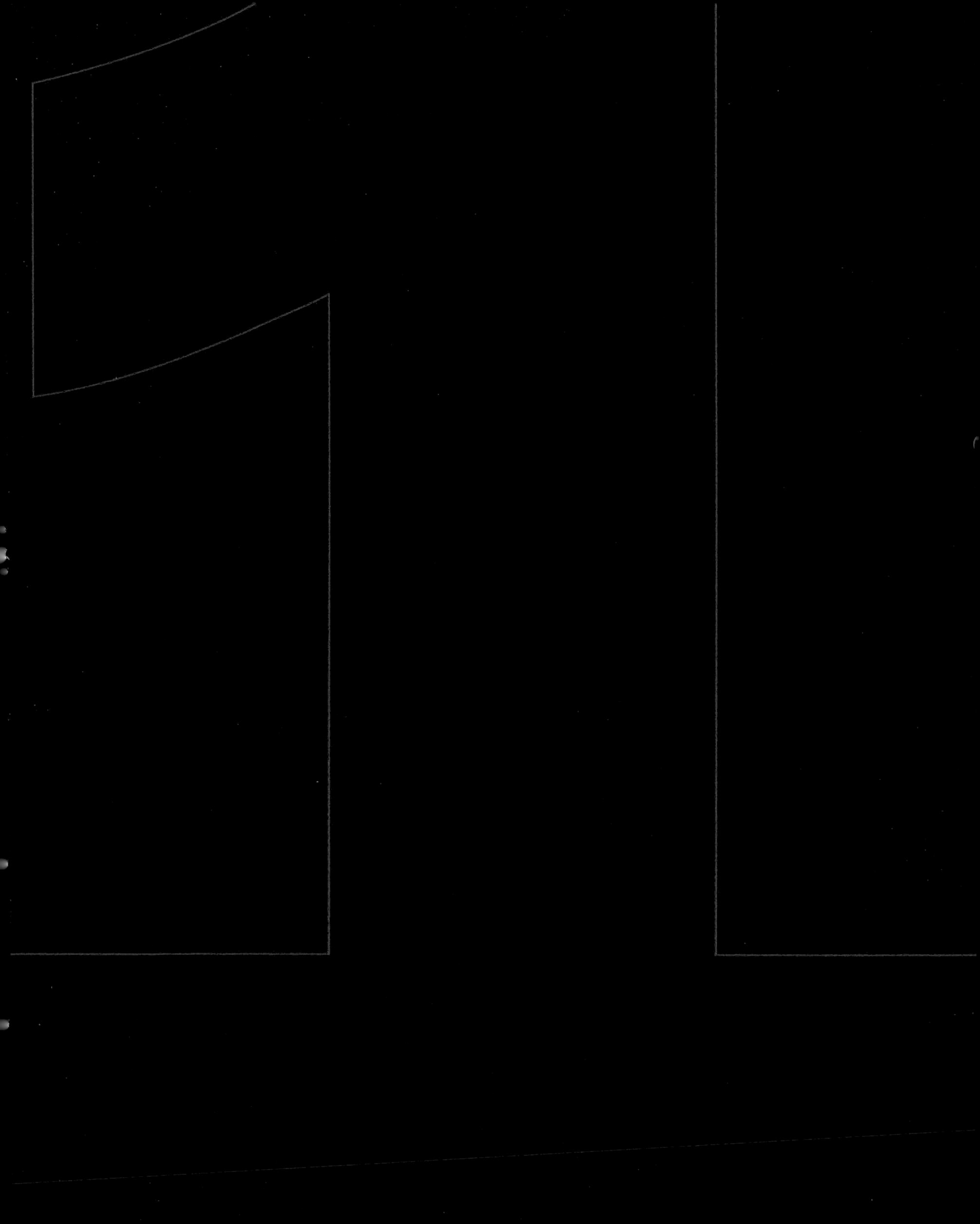

数字 NUMBERS

其实我们并不理解这些数字到底意味着什么。

——戴维·斯托克曼，里根政府预算主管

我们都愿意认为自己对数字特别敏感。上学的时候你可能根本不喜欢数学，但你没准依然能细读银行对账单，瞥一眼就看清温度计读数，或者轻松计算现在离圣诞节还有几周。

人类擅长处理这类小数字。虽然我们总愿意觉得自己敏锐机变、富有见地、擅长处理数字，但实际上，谁也无法摆脱人类自身的局限：大数字（以及非常小的数字）是我们的软肋。

不过在本书中，我们将逼迫自己从日常认知走向极端值，尤其是在探索各种谱系的时候。就算我们无法真正理解那些非常大或非常小的值，至少可以通过直观的方法更好地认识它们。

但是，直接从大数字开始毫无意义，例如十亿或万亿；不，我们必须从小数字入手，循序渐进。

请想象“一”：一个按钮，一个人，或者任何一个进入你脑海的东西。我们很容易想象一、三乃至七。想象寥寥几件物品的时候，你的脑子里甚至可能出现一幅图像：可能是三角形、五角形或者十字。用科学术语来说，这叫感知：你知道这个数字，你能够感受到它，甚至无须去数。

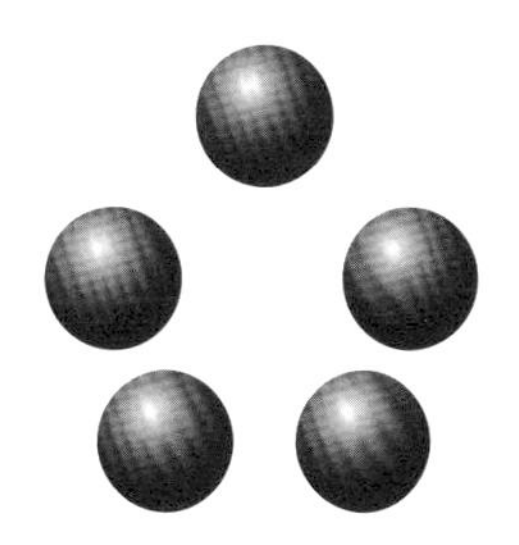

不过一旦超过六或者七，你就需要数一下了，或者将它再分成更小的基本图像。比如说，要想象“十”，你也许会看到两组“五”；要想象“五十”，你可能会想到五组代表“十”的图像。

1平方英里（2.6平方千米）肥沃土壤中生活的昆虫比地球上的所有人还多。

但不幸的是，对于再大一点儿的数字，人类大脑很容易陷入混乱，无法准确感知。我们会开始估算近似值，或者用已知的数作为参照。比如说，提起“一千”，你可能会想到一个中等规模礼堂里的座位。

但这种思考方式与我们对“三”的认识完全不同。“三”是实实在在、天然存在、永恒不变的；三是个简单的模式，而识别模式是人类最擅长的事情。研究表明，哪怕是刚出生一天的人类婴儿也能理解小的抽象数字，他们能把声音信号重复的模式与视觉刺激正确地联系起来。瓦尔皮里语中代表数字的词只有“一”“二”“一些”和“很多”，但说瓦尔皮里语的澳大利亚土著儿童却能清楚地区分五和六——哪怕没有相应的语言去描述，但他们能从直觉上理解两种模式的区别。

符号背后的意义

引入指数让大数字的计算变得十分容易，因为你可以用加减来取代乘除。比如说，$10^6 \times 10^9 = 10^{15}$（因为6+9=15）。反过来说，$10^9/10^6=1000$（即$10^3$，因为9-6=3）。

把成组的物品摆成一种模式来代表数字，长此以往，数学家们由此创造出奇怪的符号和规则。比如说，乘法其实是一种定义模式的方法。所以5×3的意思是说，把3组5加到一起（5+5+5）。因此，乘法是一种定义加法模式的方式。

接下来，你又该怎么定义一种乘法模式呢？答案是指数——指数的本质是“把这个数相乘那么多遍”，只不过它用了个好听的术语。比如说，5^3（有时候可写作5^3）的意思是3个5相乘：5×5×5。

这听起来很复杂，但你每天都会用到指数，甚至无须经过思考。

谁都知道，10 分等于 1 角，10 角等于 1 块，10 块等于……呃，就是 10 块。明白了吧。指数就是把同一个数相乘多少次，所以 10^1 就是 10，10^2 等于 100，10^3 等于 1000，以此类推。数学和财务的基本体系都以指数为基础——确切地说，是 10 的指数。

这很好掌握，因为 10 的指数实际上描述的是 1 后面零的个数：10（10^1）有 1 个零，100（10^2）有 2 个零，1000（10^3）有 3 个零，以此类推。

我们也可以采用更直观的图像：想象一排有 5 枚硬币，将这排硬币重复 5 次，就得到了 5^2，或者说 5×5，即 25 枚硬币。现在，再把这个矩阵重复五次——比如说，你可以在第一层的每枚硬币上叠加 4 枚硬币，形成一个长、宽、高都是 5 的“立方体”——最后得到 5^3，即 125 枚硬币。

“学习比较就是学习计数。”

——爱德华·卡斯纳和詹姆斯·纽曼，《数学与想象》（*Mathematics and the Imagination*）

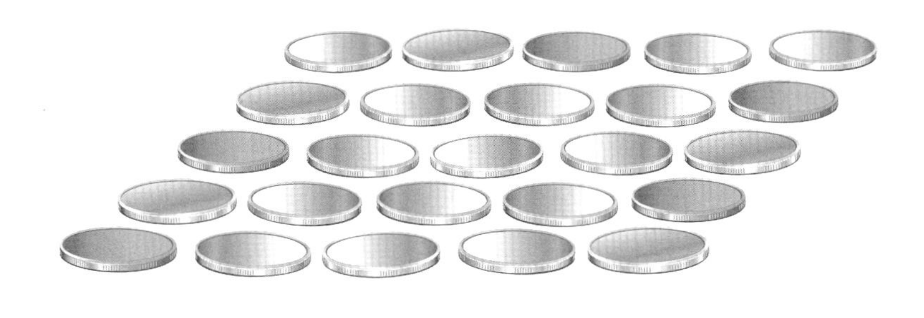

▲ 5^2 枚硬币（上图）与 5^3 枚硬币（5×5×5）

“面对大数字时不要仰望，我们可以把它压缩到自己习惯的尺度。比如说，一个普通人每年赚5万美元，而一个富翁每年赚50万。二者的生活有何区别？发挥想象力的时候，不要把你自己的收入 ×10，而是把所有东西的价钱除以10。一台新的笔记本电脑？只要15块。一辆崭新的保时捷？6000就够了。一幢漂亮的房子？5万。明白了吧，只要你有钱，所有东西看起来都很便宜。要理解比尔·盖茨的财富，不要去想500亿美元的身家，50亿美元的年收入——那只是另一组大数字而已。你只需要想象，所有东西的价钱都变成实际价格的十万分之一……一台笔记本只要几分钱，一辆保时捷大约6毛。你眼中价值5000万的豪宅对他来说不过是500块。”

——卡利德·阿扎德，《如何培养对比例的感觉》(*How to Develop a Sense of Scale*)

用这样的方法来书写数字是理解科学计数法的关键。比如说，4.5×10^9 是多少？一旦你理解了 10^9 是1后面加9个零，也就是10亿，那么你就会明白，这个式子的意思是“45亿”。

多大才算大？

指数的奇妙（和强大）之处在于，指数只需要变化一点点，它所代表的数值就会产生巨大的飞跃。比如说，10^2 和 10^3 之间相差900，但 10^3 和 10^4 却相差9000！指数值的变化只有1，但数值的差距已经从加州的长度（大约1200千米）变成了地球的直径（约12700千米）。如果指数再往上加1（10^5），差值就变成了地月距离的三分之一（约127000千米）。

如果衡量的是体积，那变化就更大了。比如说，假如你有一个100×100×100的硬币“立方体”，换句话说，长、宽、高都是 10^2 个1分硬币，那么硬币的总数是100万枚，也就是1万元。只需要把每条边的硬币数量增加到 10^3 个，那么硬币的总数就会增加999个100万，变成10亿个，也就是1000万元。

这样势不可当的“指数式增长”可能带来非常惊人的结果。有一个古老的故事曾经提到，一位工匠献给国王一张精致的棋盘，并请求国王赐给他相应的回报：他要求在棋盘的第一个格子里放1粒大米，第二个格子里2粒，第三个格子4粒，第四个格子8粒，以此类推，填满棋盘的64个格子。这个要求看起来很合理，于是国王马上就答应了。

不幸的是，这位国王不懂指数的威力。每次都翻倍，也就是“n个2相乘”，或者说 2^n。所以第二个格子需要 2^1 粒大米，第三个是 2^2（只有4粒），到第八个格子——就是第一排的最后那个格子——也只需要 2^7 粒大米，也就是128粒。但以此类推……第21

“1 分钟内通过 50 瓦白炽灯灯丝的电子数量等于尼亚加拉瀑布一个世纪流下的水滴。”

—— 爱德华 · 卡斯纳和詹姆斯 · 纽曼，《数学与想象》

个格子就需要 100 万粒大米，到第 41 个格子需要的大米已经超过 1 万亿粒。做完整个运算，你会发现总共需要 $2^{64}-1$ 粒大米（必须减掉 1 是因为第一个格子是从 1 粒大米开始的，也就是 2^0），也就是 18446744073709551615（1.84×10^{19}）粒——足以填满 4 英里长、4 英里宽、6 英里高（6.4 千米 ×6.4 千米 ×9.7 千米）的立方体——比珠穆朗玛峰还高。

当然，故事里的国王虽然数学不灵光，但却拥有政客的机敏：他宣称，工匠要想得到赏赐，就得数清楚奖品中的每一粒米。如果每秒钟数 1 粒，那么他需要 5000 亿年——约等于宇宙年龄的 42 倍——才能完成这个任务！

这个故事很好地解释了指数式增长到底有多恐怖，以及人们有时候为什么会用“棋盘的后半张”来形容远超控制范围的情况。

计算机学家常常用“拍”——每秒浮点运算次数——来描述计算机的速度。今天，大部分计算机的处理速度能达到百万甚至十亿拍（每秒 100 万次或 10 亿次浮点运算），今年，最快的计算机速度刚刚突破千万亿拍（每秒 10^{15} 次浮点运算）。

数不清的数

不幸的是，不需要到棋盘的后半张，光是在前三分之一处，人类大脑就会出现认知科学家侯世达所说的“数不清的数”现象。归根结底，我们能够一次性看到1000件物品，所以我们能理解这个量级的数字——虽然可能不太精确。

我们甚至能同时看到一万乃至十万件物体——想象一下座无虚席的足球场或政治示威集会，放眼望去全是密密麻麻的人头。

“不是所有重要的东西都能数清，也不是所有能数清的东西都很重要。”

——阿尔伯特·爱因斯坦

不过，人类视觉分辨率的上限介于100万到1000万之间——你可以打印一张百万个点组成的海报，然后把它放到合适的距离，以便在看清全貌的同时仍能大体分辨出一个个独立的点。老话说“眼见为实”，背后自有道理：一旦数量多到我们看不清的程度，我们就很难感知它的确切意义。所以对很多人来说，百万以上的数量级听起来都差不多，无论是百万、十亿、万亿还是千百万亿（抱歉，最后这个其实不是常用量级）。

现代政治和经济（更别提科学和数学）领域动不动就会出现大得不可思议的数字，于是我们对大数字的理解缺陷也随之成为一个严肃的问题。既然如此，我们如何真正理解十亿就是1000个百万，而万亿是一百万个百万（10^{12}）？

人体内每个细胞都包含着比整个银河系里的恒星还多的原子。

再次强调，图像可以帮助我们更好地理解这样的量级。所以请想象一整叠100美元的钞票——加起来也只有1万美元，体积不大，可以轻松塞进衣兜。然后是100叠——大约能装进一个小盒子，或者一个小号购物袋——等于100万美元。再加上99个100叠，那么1亿美元的钞票可以在一块船运垫板上堆起6英尺多一点点。

现在，要得到10亿美元，你需要10块这样的垫板。接下来，1万亿就是再加一点点？不对，你需要把1000组10块垫板放到一起，才能得到1万亿美元。

$100（一百）

$10000（一万）

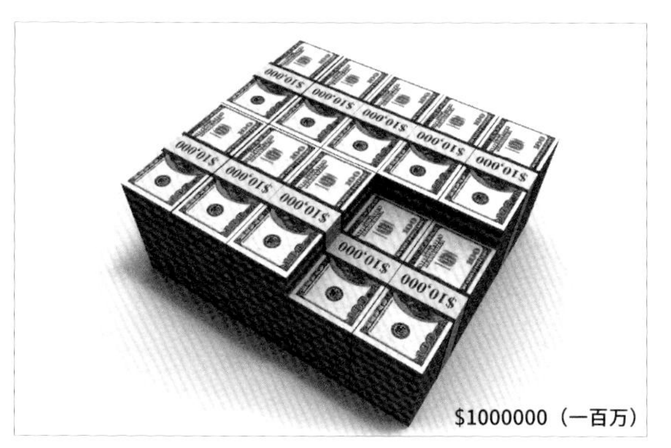

$1000000（一百万）

$1000000000（十亿）

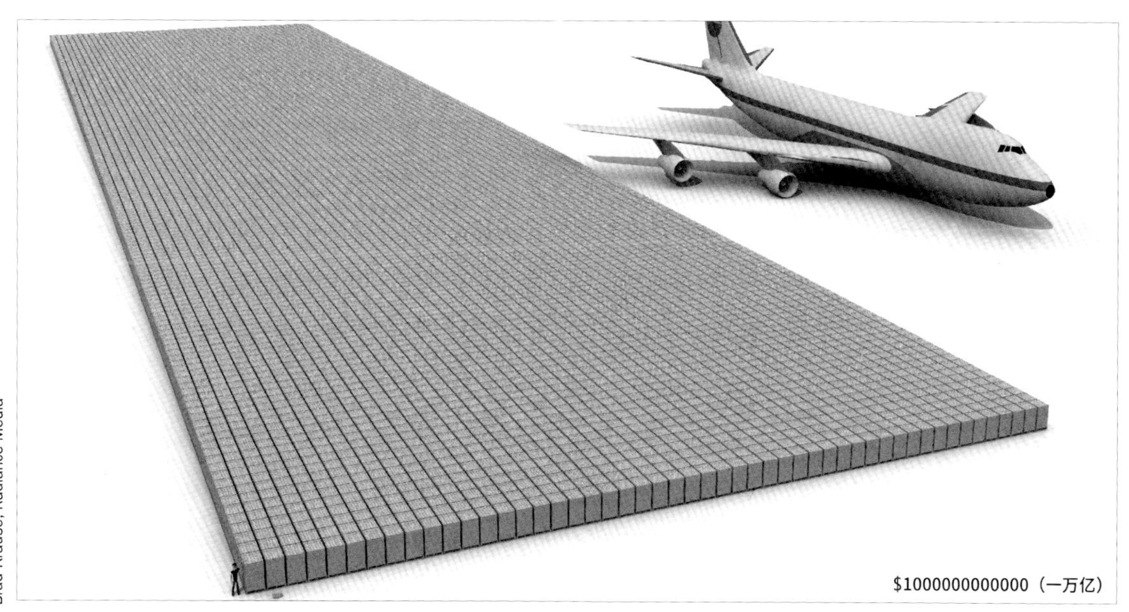

$1000000000000（一万亿）

Brad Krause, Radiance Media

这个数字大得不可思议，真的很大。正如一位博主所说："你的脑子无法掌握这么庞大的数字。"现在，再把它翻倍——把每张钞票配成一对——你才得到了 2 万亿。直到 10 万亿，这串数字后面才会增加一个零——从 10^{12} 变成 10^{13}。说起来容易，做起来却很难：每增加一个零，就意味着已经大得不可思议的数字还要再翻 10 倍；而每增加三个零，那就是 1000 倍。

有数不清的例子可以说明这些极大的数字彼此间的差值到底有多大。譬如以长度为例：不到一小时你就能走一百万毫米，但要跨越十亿毫米的距离，你需要开 10 个小时的车。至于一万亿毫米？那得绕地球 25 圈。

或者时间：一百万秒大约等于一周半，十亿秒则是 30 年，看起来够久了吧？别急，要知道，一万亿秒（30000 年）前，尼安德特人还是地球的主人呢。

要么还是以钞票为例（最后话题总是回到钱，不是吗？）。一位收入优渥的专业人士在银行里的存款达到 10 万美元基本就算有了底气，但他可能希望存款达到 100 万。好的，现在我们找一把尺子，如果上面 1 英寸（2.54 厘米）就等于 100 万美元，于是这位专业人士可以看到，自己的存款高度是 1/10 英寸，和旁边的百万富翁相比显得相当可怜。但是，再把这位百万富翁与身家 650 亿美元的沃伦·巴菲特相比：在同样的尺度下，巴菲特的财富高度超过 1 英里（1609 米）！

看看这些数字，你也许会开始感觉到，一百万是多么微不足道。

向着无限再进一步，试想一下，我们的银河系里大约有 2000 亿（2×10^{11}）颗恒星；根据哈勃太空望远镜的观察结果，整个宇宙里大约有 1500 亿个星系。这个数字看起来的确很大，但是我们可以用你书桌上一些非常平凡的东西来比较：一块普通的计算机硬盘能存储一万亿比特的信息——所以，如果每个星系代表一个 0 或 1，那么你的硬盘里能存储 6 个宇宙。再想一想，你的身体里大约有 100 万亿（10^{14}）个细胞，与之相比，硬盘的存储能力也黯然失色。

前缀	缩写	大小	名称
yotta-	Ym	10^{24}	septillions，一千的八次方，1000^8，来自希腊语里的“okto”（意思是“八”）
zetta-	Zm	10^{21}	sextillions，一千的七次方，来自法语“sept”（“七”）
exa-	Em	10^{18}	quintillions，一千的六次方，来自希腊语“hex”（“六”）
peta-	Pm	10^{15}	quadrillions，一千的五次方，来自希腊语“pente”（“五”）
tera-	Tm	10^{12}	trillions，万亿，一千的四次方，来自希腊语“teras”（“庞大”）
giga-	Gm	10^{9}	billions，十亿，一千的三次方，来自希腊语“giga”（“巨大”）
mega-	Mm	10^{6}	millions，百万，一千的二次方，来自希腊语里的“大”（亚历山大大帝在希腊语里就是 Megas Alexandros）
kilo-	km	10^{3}	thousands，千，一千的一次方，来自希腊语“khlloi”（“千”）；1 英里约等于 1.6 千米
hector-	hm	10^{2}	hundreds，百，来自希腊语“hekaton”（“百”）
deca-	dam	10^{1}	tens，十，来自希腊语“deka”（“十”）
deci-	dm	10^{-1}	tenths，十分之一，来自拉丁语“decimus”（“十分之一”）
centi-	cm	10^{-2}	hundredths，百分之一，来自拉丁语“centum”（“百”）
milli-	mm	10^{-3}	thousandths，千分之一，来自拉丁语“mille”（“千”）；1 英寸约等于 25.5 毫米
micro-	μm	10^{-6}	millionths，百万分之一，来自希腊语“mikros”（“小”）；有时候也被写作“microns”
nano-	nm	10^{-9}	billionths，十亿分之一，来自拉丁语“nanus”（“侏儒”）
pico-	pm	10^{-12}	trillionths，万亿分之一，来自凯尔特语“beccus”（“喙”或者“尖端”）
femto-	fm	10^{-15}	quadrillionths，千万亿分之一，来自丹麦语“femten”（“十五”）
atto-	am	10^{-18}	quintillionths，$1/10^{18}$，来自丹麦语“atten”（“十八”）；请注意，1am=1000zm=1/1000fm
zepto-	zm	10^{-21}	sextillionths，$1/10^{21}$，来自拉丁语“septem”（“七”，因为它是一千的七次方分之一）
yocto-	ym	10^{-24}	septillionths，$1/10^{24}$，来自希腊语“octo”（“八”）

自远古以降，人类一直在苦苦追问，是《圣经》里所说“地球上所有的沙粒”多，还是天空中的星星多。显然，这两个数字都不可数，但夏威夷大学的研究者（他们应该知道）估计，地球上大约有 7.5×10^{18} 颗沙粒；与此同时，尽管我们裸眼能看见的星星只有寥寥几千颗，但天文学家目前认为，整个已知宇宙里大约有 16×10^{21} 颗恒星。这个数字看起来大得不可思议，但实际上，它仅仅和大约 10 滴水里蕴含的分子数相当。

现在你体内大约有 25 万亿（2.5×10^{13}）个血红细胞。

是的，分子就是那么小，当然，原子比分子更小。仅仅 12 克（不到半盎司）纯碳 12 里就有 6.02×10^{23} 个原子。这个数字看似毫无规律，但它在化学研究中至关重要，所以它拥有一个专用名称：阿伏伽德罗常量（Avogadro constant）。这个数字定义了 1“摩尔”的大小——也就是说，1 摩尔任意物质中都含有 6.02×10^{23} 个原子。有了阿伏伽德罗常量，你只需要瞥一眼化学质量表就会发现，1 粒糖里含有一万亿（10^{12}）个蔗糖分子。不过比起一粒盐的分子数，蔗糖只能甘拜下风：一粒盐里含有 1.03×10^{18} 个致密的氯化钠分子。

3 摩尔的水大约只有四分之一杯。3 摩尔的 M&M 巧克力豆却能填满世界上的所有海洋。

组块

面对 602214179300000000000000 这样的数字，你可以单独给它一个名字，例如“阿伏伽德罗常量”，这种方法叫作组块 *。在处理极大或极小的数字时，组块能让我们省不少事。我们经常用组块来规范数字：谈到钱的时候，以“元”为单位总比“百分”容易得多。就连“百万”这样的数字也是一种组块，但既然可以说“两万美元”，那谁也不愿意费力用“两百万美分”。在英语里，人们还习惯说“二十千”，因为“二十”和“千”都是直观易懂的数字，我们不用把它再分成更小的单元。组块构成了某种心理上的真实：我们知道它是什么，然后才能明白它的意义，你也能分辨广告上的车到底值不值那么多钱。

* 在心理学中为了方便记忆我们把一些要记忆的东西加以分类或加工使之成为一个小的整体，就称之为组块。

与此相似，我们用“赫兹”来代替“每秒次数”，然后又引入前缀来形成更大的组块，所以“千赫”(kHz）代表每秒一千次，而“兆赫”（MHz）代表每秒一百万次。(在上面的例子里，谈论车的价钱时用“那辆车要卖 2 兆分”更合理，但如果你在现实中这么说的话，别人只会奇怪地看着你)

天文学家将地球与太阳之间的平均距离定义为 1 个天文单位(AU)——写起来比 1.5 亿千米简单点儿——又将 63000AU 定义为 1 光年。你或许无法直观感受 1 光年（光在太空中旅行 1 个地球年的距离）到底有多远，但你肯定明白，在讨论地球到织女星的距离时，随手写个 25 光年肯定比 147962000000000 英里愉快得多，更别提 2.37×10^{17} 米。当然，无论我们定义的组块有多大，数字的增长依然会超出控制，进入大得可怕——或者说可笑——的范畴。目前我们通过一颗恒星爆炸释放的伽马射线探测到的最远天体离地球的距离大约是 13140000000 光年，即 1.2×10^{26} 米。

超越可能

1938 年，数学家爱德华·卡斯纳让九岁的侄子米尔顿给一个大得不可思议、超乎想象的数取个名字。孩子回答说：“古戈尔”(googol)*，并相当早慧地把这个单位定义为 1 后面 100 个零（10^{100})。随后，急于突破极限的米尔顿又提出了古戈尔普勒克斯(googolplex)，起初小男孩希望把这个数定义为“写零写到手酸”，但后来他决定将之标准化，定义为“1 后面古戈尔个零”。

1 古戈尔 +267 是 1 古戈尔之后的第一个质数。

这些数超越了目前已知事物的极限。事实上，已知世界里还没有能达到 1 古戈尔量级的东西！地球上所有物质加起来的分子总数也不到 1 古戈尔，太阳里所有的氢原子加起来也没有这么多。更让人震惊的是，已知宇宙里的所有原子总共只有大约 10^{81} 个，比 1 古

* 请注意，这个单位的拼写方法和那家著名的搜索引擎公司不一样。——原注

戈尔小了 18 个数量级。

所以，既然古戈尔这样的数字（更别提更加疯狂的古戈尔普勒克斯）已经超越了任何物质的数量，那我们为何还要为它费神？因为数学上的需求。大部分人对数学的了解止步于算术，但专业的数学家走得更远，钻研得更深。他们的工作远不止浅显地解方程，而是努力试图理解数字潜藏的本质，乃至宇宙的本质。要描述这个宇宙——或者说众多可能的平行宇宙之一——你必须超越它的极限，正如画纸必须比画更大。

在达伦·阿罗诺夫斯基的电影《π》中，主角马克思告诉一群犹太卡巴拉**主义者，他知道他们写下了 216 位数字的所有可能的组合。当然，作为一位数学家，马克思肯定知道这是不可能的。就算有一百万台超级计算机从大爆炸开始稳定工作到今天，也不可能完成这个任务。

钻研高等数学、学习破解密码或研究宇宙学的时候，你完全无法避开那些“极大的数字”。比如说，稍早前我们探查过 4^4 这个简单数字的含义，它等于 256。但 4^{4^4} 的四次方呢？乍看之下这个数似乎平凡无奇，但实际上它代表的数字超过 154 位（1.34×10^{154}）！数学家称之为迭代幂次——记作“4 连续取幂于自己 3 次”——有时候也叫作迭代乘方、超幂，或者 9 岁的米尔顿为之骄傲的称呼——“超 4”。

超 4 运算将数学带入全新的领域，超越了电子计算机吱吱嘎嘎处理数字的层面。当然，计算机可以凭蛮力算出一局国际象棋中所有可能的选择（整局国际象棋里可能的走法加起来大约是 10^{50} 这个数量级），但在古老的围棋游戏——用简单的黑白子在 19×19 的网格上下棋——中，可能的走法共有 10^{150} 种。

逻辑与数字的螺旋还能进一步向上攀升。1933 年，南非数学家斯坦利·斯奎斯当时正在研究质数*在数字谱系中的分布，他在论文中提出了 1.397×10^{316} 这个数——它如此巨大，甚至有了自己专门的名字（斯奎斯数）；著名数学家 G.H. 哈代开玩笑说，这是“数学中有确切目的的最大数字”。但斯奎斯数创造的纪录很快就被打破了，与目前最先进的经常包含 $10^{10^{600}}$ 这种数字的数学函数相比，斯奎斯数显得相当老式。这些数真的很大。

* 质数是指任何大于 1，且只能被 1 和它自己整除的数字。——原注

** 卡巴拉（Kabbalah）是与拉比犹太教的神秘观点有关的一种训练课程。这是一套隐密的教材，用来解释永恒而神秘的造物主与短暂而有限的宇宙之间的关系。

走向负数

> “你喝下的每一杯水里可能都有至少一个原子曾在亚里士多德的膀胱里逗留。这个引人遐思的结果看似出乎意料，但却相当贴合实际，因为一杯水里的分子数量远大于所有海洋能装满的水杯数量。”
>
> ——理查德·道金斯

老话常说：“下如其上。”（as above so below），在数字的世界里，你更能领会它的含义。2 的倒数是 1/2，即 0.5；3 的倒数是 1/3，比 0.5 还小。随着数字逐渐增大，从 4、5 到 10、100，等等，它的倒数也不断减小（1/4，1/5，1/10，1/100，以此类推），不断逼近但永远不会等于零。那么，比 1/ 古戈尔还小的数会是什么？答案当然是 1/ 古戈尔普勒克斯！

顺便说一下，极大的数与极小的数记录方法基本相同。1×10^{3} 意味着“将小数点向右移动 3 位”（1000），那么 1×10^{-3} 就是“将小数点向左移动三位”（0.001，或 1/1000）。以此类推，百万分之一就是 10^{-6}，十亿分之一是 10^{-9}。

但是，数字不断变小，早晚会变成零……然后呢？你无法数清楚 1 古戈尔件物品，同样，你也没法数出比零还小的数。古希腊人在两千五百年前就拥有超乎现代人想象的数学技巧，但却有个致命的软肋：他们不承认任何无法用几何图形来描绘的数字。你能画出比零还小的数吗？显然不行，那么在希腊人的世界里，这样的数等于不存在。说实在的，他们的想法也不无道理：你可以问一个六岁小女孩：“2 减 2 等于几呀？”她会告诉你答案；可是你再问她：“2 减 3 等于几？”你会看到她小小的眉毛像《星际迷航》里的斯波克先生那样倒立起来：这根本没法算！

不过，公元前的中国人和印度人就没有这个毛病，他们不需要用图画或者可数的物品来代表数字，而且他们都想出了在那个年代堪称激进的概念：负数。

负数无法实实在在地数出来，但你知道它在那里，因为事情就应该如此，顺理成章。正如伟大的数学家卡尔·弗雷德里希·高斯曾经写道：“在普通的算术中，谁也不会拒绝接受分数的存在，虽然对于很多可数的物品，分数毫无意义；同样，既然有正数存在，我

“在北方一个叫作斯夫兹约德的地方，高处有一座山。这座山长一百英里、高一百英里。有一只小鸟每隔一千年到这里来磨一次喙。到这座山渐渐被磨光的时候，永恒的岁月便过去了一天。”

——房龙，《人类的故事》

（*The Story of Mankind*）

们也没有理由拒绝负数。”

所以，我们又找到了数字的另一种配对方式：15 与 –15 成对，10^{261} 的镜像则是 -10^{261}，以此类推。

以此类推？如果你停下来想一想，“以此类推”的说法和负数一样激进：它暗含着永远、无尽、无穷的意思。在这里，我们再次要求自己放远目光，超越舒适的可数宇宙。我们的数学有一个基本前提：世界上存在无穷大和无穷小的东西。但是，“无穷”——它有许多种叫法，包括“阿列夫零”（aleph null，$\aleph_0$）、“N 的集合”，等等——是个棘手的概念，只有意志坚定的人才能理解并运用。

记住，无穷不是终点，更像是一个想法。我们不能确切地指出，从什么地方开始，那些极大的数就等同于无穷。天文学家卡尔·萨根曾经写道：“1 古戈尔普勒克斯与无穷的距离并不比 1 更近……无论你脑子里想到的是多大的数，无穷都比它更大。”

光是将无穷引入计算就会带来一片混乱，仿佛在摆满哈哈镜的屋子里穿行。无穷加 1 等于无穷。无穷加无穷也等于无穷。你可能理所当然地认为，奇数的个数是自然数的一半，但事实并非如此——奇数和自然数的数量都是无穷的，没想到吧？正如菲利普·戴维斯和鲁本·赫什在《数学经验》中所写的：

> N 的集合是个神奇的无底罐，让人不由得想起《马太福音》15：34 中那取之不尽的饼和鱼。
>
> 这个奇迹之罐有许多神奇的特性，看起来有悖于我们所有的日常经验，但它是数学里最基础的东西，小学的孩子就应该很好地掌握它。数学要求我们相信这个奇迹之罐，如果做不到的话，我们就无法在这条路上走得更远……
>
> 无穷没有尽头，它是永恒，是不朽，是万古常新，是希腊人的阿派朗*（apeiron），是卡巴拉主义中的无量（ein-sof）。

* 古希腊哲学家阿那克西曼德提出的哲学概念，他认为“阿派朗”是世界的“本原”，“阿派朗”在运动中分裂出冷和热、干和湿等对立面，从而产生万物。世界从它产生，又复归于它。

你可以说正负无穷是数字谱系的尽头，但从定义上说，数字根本没有尽头。

打破常规

数字向正、负两头无限延伸，就像一条通往永恒的铁路。在这条看不到尽头的线上，我们理应能找到所有数学问题的答案，不是吗？神奇的是，很快你就会发现，有的方程在这条铁路上没有可以停靠的站台，没有任何一个点能让你斩钉截铁地说：“这就是它的解。”

取而代之的是，我们必须跟一些奇怪的数字打交道，譬如无理数——这些数字可以写成无限长的十进制序列，无法简单地表述成两个整数之比。比如说，你可以试试看，哪个数的平方等于 2，即 2 的平方根（$\sqrt{2}$）。我们可以用 90/63 来得到它的近似值，或者将它写作 1.4142135……但末尾的省略号意味着我们永远无法以这种方式写出它的精确值——小数点后的位数没有尽头，也没有重复的模式，一直延伸到天荒地老。

除此之外，还有超越数。给它起名字的时候，数学家以为超越数非常罕见，但现在我们知道，这样的数十分常见，仿若撒落在数学里的尘埃。超越数不但是无理数，而且是非代数数，也就是说，它无法用一个简单、有限的代数方程来描述。很多无理数同时也是超越数，比如著名常数 π 和 e 。

尽管如此，无理数和超越数在数字之线上总有个位置，哪怕我们不能确切地把它指出来。除了它们以外，还有另一种更奇怪的数，完全脱离了常规的数字之线。我们来看一个简单的代数方程：$x^2-1=0$。要解出这个方程，需要把等式两边各加 1，得到 $x^2=1$。换句话说，哪个数的平方等于 1？答案显然是 1。（从技术上说，–1 也是方程的解，因为负数的平方永远是正数。）

$\pi =$ 3.14159265358979323846264338327950288419716939937510582097494459230781640628620899862803482534211706798214808651328230664709384460955058223172535940812848111745028410270193852110555964462294895493038196442881097566593344612847564823378678316527120190
914564856692346034861045432664821339360726024914127372458700660631558817488152092096282925409171
536436789259036001133053054882046652138414695194151160943305727036575959195309218611738193261179
310511854807446237996274956735188575272489122793818301194912983367336244065664308602139494639522
473719070217986094370277053921717629317675238467481846766940513200056812714526356082778577134275
778960917363717872146844090122495343014654958537105079227968925892354201995611212902196086403441
815981362977477130996051870721134999999837297804995105973173281609631859502445945534690830264252
230825334468503526193118817101000313783875288658753320838142061717766914730359825349042875546873
115956286388235378759375195778185778053217122680661300192787661119590921642019893809525720106548
586327886593615338182796823030195203530185296899577362259941389124972177528347913151557485724245
415069595082953311686172785588907509838175463746493931925506040092770167113900984882401285836160
356370766010471018194295559619894676783744944825537977472684710404753464620804668425906949129331
367702898915210475216205696602405803815019351125338243003558764024749647326391419927260426992279
678235478163600934172164121992458631503028618297455570674983850549458858692699569092721079750930
295532116534498720275596023648066549911988183479775356636980742654252786255181841757467289097777
279380008164706001614524919217321721477235014144197356854816136115735255213347574184946843852332
390739414333454776241686251898356948556209921922218427255025425688767179049460165346680498862723
279178608578438382796797668145410095388378636095068006422512520511739298489608412848862694560424
196528502221066118630674427862203919494504712371378696095636437191728746776465757396241389086583
26459958133904780279......

$e =$ 2.718281828459045235360287471352662497757247093699959574966967627724076630353547594571382178525166427427466391932003059921817413596629043572900334295260595630738132328627943490763233829880753195251019011573834187930702154089149934884167509244761460668082264800168477411853742345442437107539077744992069551702761838606261331384583000752044933826560297606737113200709328709127443747047230696977209310141692836819025515108657463772111252389784425056953696
770785449969967946864454905987931636889230098793127736178215424999229576351482208269895193668033182528869398496465105820939239829488793320362509443117301238197068416140397019837679320683282376464804295311802328782509819455815301756717361332069811250996181881593041690351598888519345807273866738589422879228499892086805825749279610484198444363463244968487560233624827041978623209002160990235304369941849146314093431738143640546253152096183690888707016768396424378140592714563549061303107208510383750510115747704171898610687396965521267154688957035035402123407849819334321068170121005627880235193033224745015853904730419957777093503660416997329725088687696640355570716226844716256079882651787134195124665201030592123667719432527867539855894489697096409754591856956380236370162112047742722836489613422516445078182442352948636372141740238893441247963574370263755294448337998016125492278509257782562092622648326277933386566481627725164019105900491644998289315056604725802778631864155195653244258698294695930801915298721172556347546396447910145904090586298496791287406870504895858671747985466775757320568128845920541334053922000113786300945560688166740016984205580403363795376452030402432256613527836951177883863874439662532249850654995886234281899707733276171783928034946501434558897071942586398772754710962953741521115136835062752602326484728703920764310059584116612054529703023647254929666938115137322753645098889031360205724817658511806303644281231496550704751025446501172721155519486685080036853228183152196003735625279449515828418829478761085263981395......

接下来，我们小小地修改一下方程，把减号换成加号：$x^2+1=0$。哪个数的平方等于 –1？史波克式的眉毛又出现了，大脑叮叮哐哐疯狂转动。你可以选择一条比较容易的路，像希腊人面对负数一样说："它根本不存在。"又或者，你可以直面这团迷雾，离开那条清晰的数字之线，尽情发挥想象。正如伟大的数学家莱昂哈德·欧拉曾经写道，这类问题的答案"不是无，不比无更大，也不比无更小，它需要从虚无中构建"。

他的意思不是说答案不存在，恰恰相反，这句话实际上是给这样的数起了个名字——虚数，通常用字母 i 来表示。虚数的谱系完全独立于我们日常习惯的数字之线。虚数和它的朋友"复数"（例如"2+3i"）不会出现在家用电子计算器上，但却是数学家工具箱里的常备元素，确切地说，是不可或缺的元素。要是没有虚数和复数，科学家就无法计算火箭轨道和量子运动。它们之所以存在，完全是出于数学的需求：逻辑严密的数学系统需要虚数和复数，正如它也需要负数，无论我们能不能看见这些数并把它数出来。微积分的发明者、17 世纪的伟大数学家戈特弗里德·莱布尼茨曾写道："虚数是圣灵的完美庇护所，介于有和无之间的两栖物。"

在模式的地基之上，我们建起了数字的宏伟教堂，有高耸的尖塔，也有阴暗的墓穴。数字在我们的建筑中熠熠生辉，表达着可数与不可言说。现实与虚幻，想象其中的一个，再想象它们的全部。

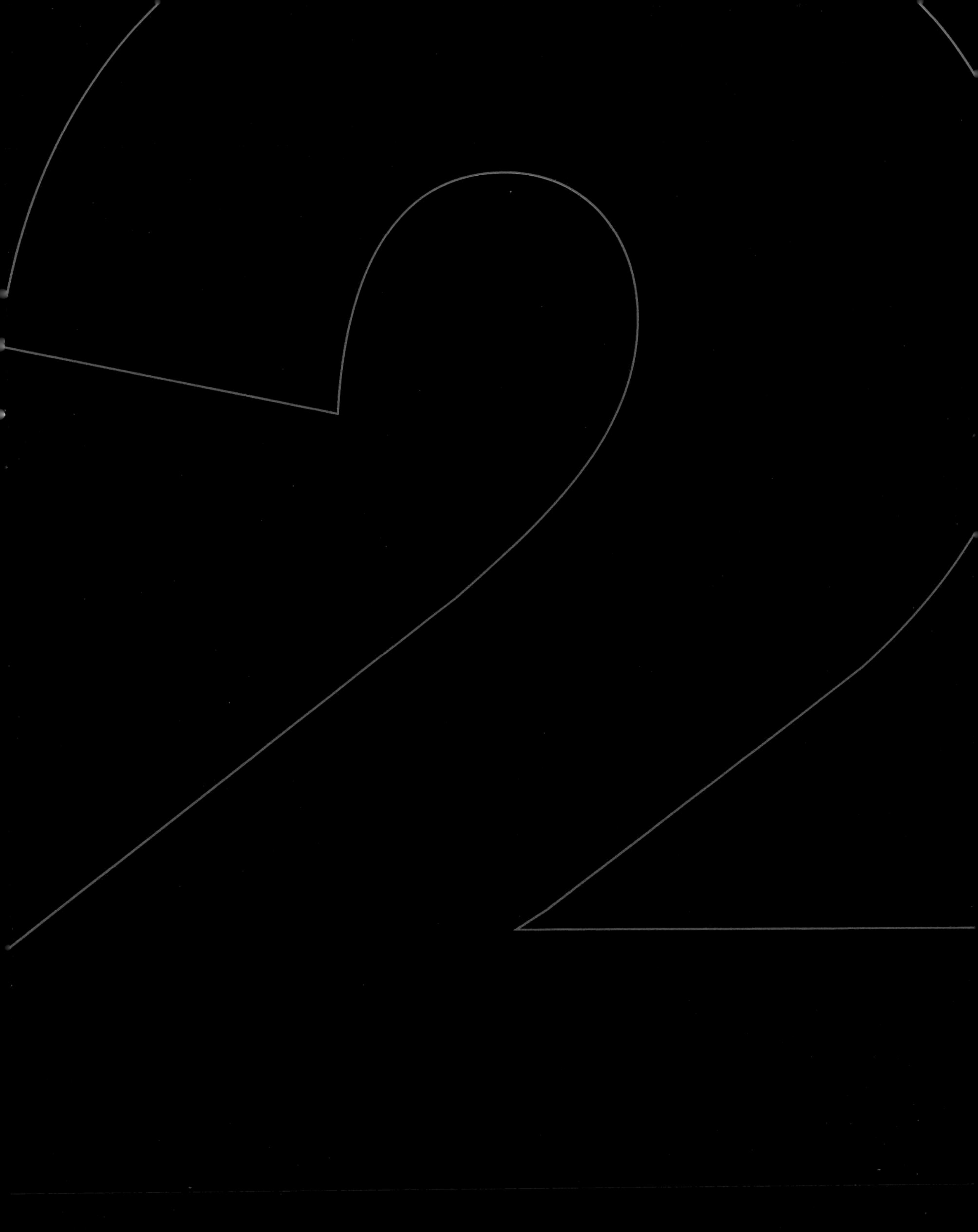

尺寸 SIZE

距离产生美。

——马克·吐温

“你们施行审判，不可行不义；在尺、秤、升、斗上也是如此。要用公道天平、公道砝码、公道升斗、公道秤。”

——《利未记》19：35-37

如果大肠杆菌——这是一种微生物，此刻你的肠道里就有很多——突然间奇迹般地发展出了自我意识和智慧，那会怎样？它不会理解，也无法理解自己在世界上的位置——人类身体的尺寸是大肠杆菌的几千万倍，它所熟悉的世界只是庞大人体的一部分。那么，以此类推，我们又该如何去理解庞大复杂得超乎想象的宇宙？

从另一方面来说，从细菌的角度出发，我们就会发现人体是多么宏大，每个人的身体都真真正正的包罗万象。人体内的细胞超过10万亿个，体内居住的细菌更是十倍于此（是的，“它们”的数量比“我们”多多了）。如果每个细胞都是一颗恒星，那你的身体里就有数百个星系。

再深入一个层级，我们会发现每个细胞都由无数原子组成，它们紧紧联系在一起，形成水、DNA和其他结构。你的体内含有的原子数量比整个宇宙里的星辰还多。

所以，地位也许完全取决于视角——我们渺小而庞大，无关紧要又无所不能，这一切都取决于你怎样去看待。

当然，问题的难点之一在于，从个人的角度出发，看到的永远只是片面的一小部分，正如我们的眼睛只能看到一定范围内的电磁波（可见光），耳朵也只能听到有限的声音——总而言之，我们只能体验人类尺度以内的大小和距离。不过，有了强大的科学仪器，我们终于得以开始认识广袤的世界，无论它是藏在人体以内，还是远居苍穹之上。

常见单位

目前尚未采用公制单位的国家只有美国、缅甸和利比里亚。

为了理解尺寸——以及更重要的，为了讨论尺寸——我们必须绕一点儿路，先了解一下测量的标准。当然，标准的名称和精确度都会随时间的流逝发生变化。古希伯来人和古埃及人都曾使用“腕尺”这个单位，1 腕尺相当于从指尖到手肘的距离，1 腕尺又可分为 7 掌尺，而每掌尺再分为 4 个指尺。不幸的是，腕尺本身的长度各不相同：埃及腕尺约等于 52 厘米，希伯来腕尺要短一些，只有 45 厘米左右。

罗马人对大尺寸更感兴趣，他们定义了“千步”，也就是现代“英里”的始祖。他们的“千步”大约相当于 5000 英尺（1500 米），看来这些罗马人要么个子特别高，要么他们的一步实际上是两步。

“桶”这个度量单位至少有 18 种不同的标准（包括啤酒、石油、蔓越莓、燕麦片、水泥和白兰地）。

不幸的是，这两个例子似乎都加深了我们对古人的错误偏见，觉得他们面对数学和物理时总是漫不经心，粗疏大意，事实并非如此。埃及亚历山大港的埃拉托斯特尼在公元前 240 年就证明了地球是圆的，而且他还利用视距（当时的一个单位，定义为体育场的大致长度）算出了地球的周长。他的结论与我们今天所知的结果之间只有 2% 的误差，大约几百英里。

以体育场的长度为单位，看起来似乎有些奇怪，但事实上，度量单位多少都显得有些武断，而且通常以人类尺度为基础。在英语里，代表“英尺”的“foot”同时也有“脚”的意思，它似乎源于古代某位皇室成员脚的长度，虽然这位贵族早已被遗忘，而且这个长度恐怕也有些夸张。后罗马时代的 1 英里被定义为 8 浪，而每个浪等于犁地时“一条犁沟的长度”，听起来倒是相当便利。英亩的词源则是拉丁文“ager”（土地），代表一头牛一天能犁完的面积。

而且，当然，在公元后这两千年的大部分时间里，每个城镇、每个省、每个行业似乎都会极力夸耀自己的度量系统，这些单位的名字常常十分相似，但实际代表的值却大相径庭。哪怕是在今天，面对加仑、磅和英里这样的单位时，我们都要万分小心。因为英国的“帝国”加仑比美国的要大五分之一；美国人常说的 1 磅通常等于 16 个“常衡”盎司，可是在称量贵金属的时候，1 磅又变成了 12 个“金衡”盎司；而至于英里，众所周知，海上的英里（海里）要比陆地上的长 15%。

所以到了 18 世纪，法国借着革命的热潮开始试图定义一个人人都要用的度量单位：米。这个单位应该以大地为基础，而不是人体，所以他们将“一米”定义为极点到赤道距离的千万分之一——或者说，地球周长的四千万分之一。不幸的是，地球并不光滑，也不是完美的球体，所以理想中的“米”也难免落入人类主观的窠臼。最终，人们将米定义为某根铂铱合金棒上两条刻度之间的距离——大约不到 40 英寸（3.25 英尺）。

科学家热切地想在自然界中找到真正的“米”，1960 年，国际计量大会决定，以氪 86 原子辐射出的特定橙红光波长为基础来定义米。还不够自然？ 1983 年，我们最终将米定义为：“光在真空中行进 1/299792458 秒的距离。”或许很难找到比“米”更一波三折的度量单位，不过至少在这个动荡的时代，我们终于为它建立了一个稳固的标准。

当然，米的最大意义不是它的定义，而是我们可以在任何尺度下使用这个单位。你可以在“米”之前添加一些简单（不过有时候也很容易混淆）的前缀，来表示不同量级的长度单位。比如说，“千

“公制标准当然是共产主义的。一套货币系统，一种语言，一种度量衡，一个世界——这就是共产主义！我们知道，西方已经被英寸、英尺、码和英里征服。”

——迪恩·克拉克尔，
美国国家牛仔名人堂负责人

很少有美国人知道，是否采用公制单位的议题在美国已经争执了两百多年。乔治·华盛顿在首次就职演讲时就将这个议题引入了公众的视野，米与英里之争已经成为美国文化的一部分，就像苹果派一样。更加鲜为人知的是，“英尺”和“码”的定义实际上是以“米”为基础的。1 码精确地等于 0.9144 米。

米”代表 1000 米，“万米”则是 10000 米。或者走向谱系的另一头，“微米”代表 10^{-6} 米，也就是百万分之一米。

地球上的大尺度

在这个看得见摸得着、易于测量的日常世界里，我们天生就会不自觉地进行比较。人类靠这种方法去理解、体会自己身边大于尘埃、小于社区的一切事物。这样的界限定义了易于测量的“人类尺度”，大约从几千分之一米到几千米的范围。

你的身高很可能不足两米，但有的人会长得更高——美国的罗伯特·瓦德罗（他死于 1940 年，终年 22 岁）以 2.72 米的身高打破了世界纪录。自然界最高的动物长颈鹿能长到 5.5 米。现在还活着的最高的树木大约有 115 米。棒球投掷的最远纪录大约是 136 米，正好和吉萨大金字塔的高度差不多——近四千年的时间里，它一直是地球上最高的建筑物。

张德拉·巴哈杜尔·丹奇保持着最矮人类的世界纪录，这位 72 岁的尼泊尔人身高只有 54.6 厘米。

世界上没有任何人造结构达到过 1000 米的高度，帝国大厦只有 381 米，在本书写作之时，全球最高的建筑是迪拜的哈利法塔（原名迪拜塔），它的高度也仅有 828 米。这幢高耸入云的摩天大楼唤醒了巴比伦塔的梦想，仿佛它真的能探入天堂。

当然，以高度而言，一千米已经非常惊人；但若是作为长度，一千米就有些不够看了——金门大桥两头桥塔之间的距离是 1.28 千米，而最大的大桥还要长得多。

美国首都华盛顿特区的华盛顿纪念碑修建于 1884 年，高 170 米。

话说回来，我们很容易比较这些事物的尺寸，很大程度上是因为它们都属于人类尺度的范围，我们对此相当熟悉。“眼见为实”确有其道理，对于亲眼看到的东西，我们更容易深入理解——或者用科幻作家罗伯特·海因莱因杜撰的词来形容：“灵悟”（grok）。我们可以看见一棵树，绕着它走几圈，甚至还能爬到树上，所以我们很容易理解它与我们的相对大小。

不过，一旦面对一两千米以上的物体，我们很快就会失去对尺度的感知。我们或许能够看见它、相信它的存在，却不能以感知树的方式去理解它，因为我们无法将它纳入人类的尺度。

但这并不意味着我们不能换一种方式去理解。说到底，你有可能更熟悉整片森林，而不是单独的一棵树；正如你可能熟悉某棵树，而不是组成它的亿万细胞。我们理解——看到——的总是全局的一部分，正如每件物品自身就是一套复杂系统，而与此同时，它又是某个更复杂系统的组成部分。通过卫星照片，我们知道了自己所在的大陆的形状，但这并不代表我们真正理解了这片土地到底有多广阔。我们对事物的理解同样只是谱系的一部分。

如果你站在一片平原上，由于地球的自然曲率所限，你的视野范围最多只能到地平线尽头，大约 5 千米外；但是，要是站在一座小山包上，你就能看到 190 千米以外。珠穆朗玛峰的海拔只有不到 9 千米，很少有人意识到，夏威夷岛上的冒纳凯阿火山实际上比珠穆朗玛峰高了将近 1 英里（1.6 千米），但这座火山的山脚却在海平面下 6 千米。要探寻最深的海沟，你还得进一步下潜，深入海平面下大约 10 千米到 11 千米的地方。

地球上活着的最大的生物是一块 8.9 平方千米的巨型真菌，它生长在美国俄勒冈州的地下，已经活了 2400 年。

大部分天气现象出现在对流层，最多离地面 11 千米，但最高的云却可能伸展到 24 千米高的平流层。我们知道，大气像一层厚厚的垫子，为我们挡住严酷的真空和太空中的辐射。不过，换个角度来看：如果把地球想象成一个湿漉漉的网球，那么大气层的厚度还不及网球表面的那层水膜。

说回海平面的话题。面对一些著名的地标，我们理解起来可能更容易一点儿。曼哈顿岛的长度大约是 22 千米，旧金山距离火奴鲁鲁（夏威夷州首府）3860 千米，不过到了这个尺度，我们用“百万米”（Mm）来衡量可能更容易一些，所以这个距离可以写作

3.86Mm。芝加哥到东京的飞行旅程是 10.16Mm，几乎和地球本身的直径（12.75Mm）相当。我们称之为家园的这个大蓝色星球的周长非常好记，40Mm（40 百万米……呃，从技术上说，绕赤道的地球周长是 40075160 米，可是谁会去数呢？）。

地球两极之间的直径只有 500500000 英寸（1271270000 厘米）多一点儿。

我们不可能一下子就深刻地领会地球的尺寸，取而代之的是，必须将它与周围常见的东西做比较。14615 座金门大桥连起来可以环绕地球一圈，从北京穿越地心到达另一面的布宜诺斯艾利斯，需要将 15400 座哈利法塔叠起来。

当然，如果我们连自己生活的星球都无法深入理解，那么一旦离开舒适的地球家园，开始探索宇宙的尺度，又会是什么样子？

伟大的超越

作为人们心目中最终极的边疆，太空看起来似乎远得超乎想象。喷气式客机的飞行高度只有 10 千米，但只要再往上走 100 千米，飞

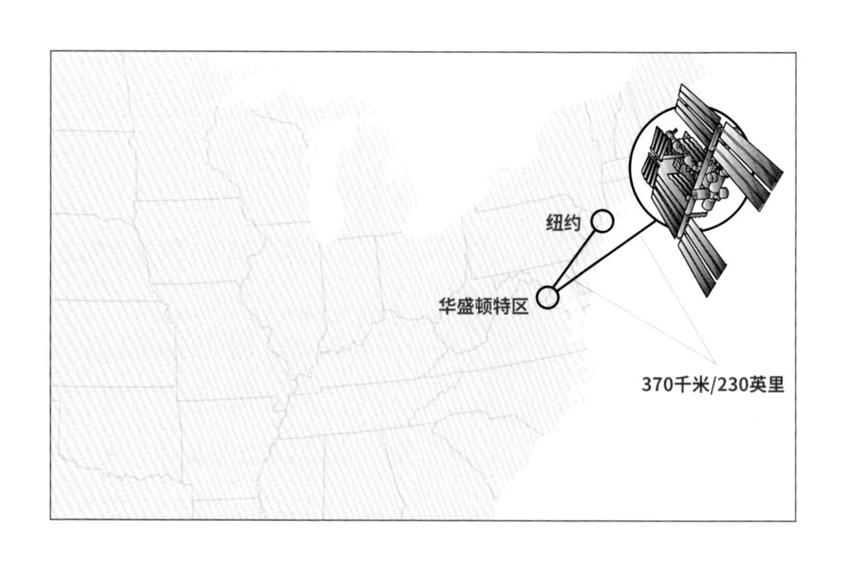

行员就变成了宇航员。事实上，从地球表面到国际空间站的距离只有大约 370 千米，还没有纽约到华盛顿特区的铁路里程长。

当然，要迈出“人类的一小步”，最困难的并不是地球到太空的距离，而是摆脱引力束缚所需的力。讽刺的是，引力或许是宇宙中最弱的力！说到底，在整个地球与一小块磁铁的拔河比赛中，小块的磁铁常常是赢家，它能够轻松吸起一根回形针。电磁力的强度是引力的数十亿倍。不过尽管如此，要让一枚庞大的火箭摆脱地球引力的束缚，到达 250 千米的高度，需要巨大的力和速度；在离地这么远的地方，火箭可以开始绕轨道运动，也可以继续穿越外大气层，飞向月球。

不过，在我们的探索之旅中，大得超乎想象的尺寸这才刚刚开始登场。当然，由于天体的运行轨道通常是椭圆而非正圆，所以任意两个天体之间的确切距离时时刻刻都在变化。但是，地球到月亮的距离大约是 378Mm——也就是 378000 千米，或者说是地球周长的 10 倍。

金星是离我们最近的行星，也是除月亮以外夜空中最亮的天体；金星离地球最近的时候，二者距离大约是 380 亿米（38Gm）——超过地月距离的 100 倍。太阳的直径大约是 1.4Gm，地日距离平均为 150Gm。

旅行者 1 号出发于 1977 年，现在它的飞行速度大约是每年 3.6AU（538Gm），或者说 61400 千米 / 小时。以这个速度，它还要过一千多年才能到达奥尔特云，而要抵达最近的恒星，需要超过 73000 年的时间。

你可以换个角度来考虑这些数字：如果地球的尺寸和本句末尾的句号差不多，那么月球离它大约有 15 毫米（大致相当于你手指的厚度）；而太阳的尺寸相当于孩子的拳头，距离地球 6 米开外。事实上，太阳如此巨大，如果把地球放在太阳的中央（先别管我们全会被蒸发掉），那么月球的运行轨道大约在太阳半径的一半多一点点的地方。

讨论行星之间的距离时，“米”这个单位显得捉襟见肘——甚至 Gm 都不太够用。为了方便起见，我们引入地球与太阳的平均距离，

“再看看那个光点，它就在这里。那是我们的家园，我们的一切。你所爱的每一个人，你认识的每一个人，你听说过的每一个人，曾经有过的每一个人，都在这上面度过他们的一生……所有的国王与农夫、年轻的情侣、母亲与父亲、满怀希望的孩子、发明家和探险家、德高望重的教师、腐败的政客、超级明星、最高领袖、人类历史上的每一个圣人与罪犯，都住在这里——一粒悬浮在阳光中的微尘上。”

——卡尔·萨根

▲ 透过土星环看到的地球，只是一个小小的光点。卡西尼号探测器摄于 2006 年

科学家将它定义为 1 个天文单位（1AU）。这样一来，木星轨道与太阳的距离大约是 5AU。

顺便说一下，木星是一颗极其庞大的气态行星，质量是太阳系内其他所有行星质量总和的两倍以上。木星如此巨大，它表面上那枚标志性的大红斑——人们认为那是一场巨型风暴，已经刮了近两个世纪——实际上比地球直径还大。下面的比较或许有所帮助：如果说太阳的直径等于一个人的身高，那么木星就和这个人的脑袋差不多大小，而地球只比眼睛的虹膜稍微大一点点。

继续向太阳系外前进，我们会在离太阳不到 10AU 的地方发现土星，大约 20AU 的距离找到天王星，然后是 30AU（大约 4.5 万亿米）左右的海王星。越过海王星以后，再跨过 25AU 的浩渺空间，有一条超过 100000 块寒冰和石头的混合体组成的环，叫作“柯伊伯带”。这些大大小小的宇宙碎片远远地绕着太阳转动，其中包括冥王星和另外几颗冰冻的矮行星，例如妊神星和鸟神星。（柯伊伯带里除了冥王星以外的所有大型天体都以创造之神来命名：妊神星的名字来自夏威夷的繁殖女神，鸟神星的名字则来自复活节岛拉帕努伊人的繁殖女神。)

我们的太阳系里最远的已知天体是赛德娜（发现于2003年），这块岩石的尺寸大约是冥王星的三分之二，它的轨道非常瘦长。赛德娜的近日点离太阳大约有76AU，从这里开始计算，5500年后它将到达远日点，与太阳的距离变成937AU，也就是超过140万亿米。难怪它的名字来自因纽特神话里一位生活在大西洋最幽深寒冷处的女神。

▲ 1972年，阿波罗17号在离地45Mm（45000千米）处拍摄的“蓝色大理石”照片

我们大部分人都曾学到过，冥王星标志着太阳系的外边缘，但实际上，太阳系真正的边缘比这远得多，无数遥远的天体围绕太阳永不停歇地运动，它们与地球接受同一个引力源的束缚。不幸的是，我们不知道柯伊伯带之外还有什么东西——那里实在太黑，什么都看不见。天文学家相信，太阳系外缘可能空无一物，只有绵延数千天文单位的虚空，偶尔有一颗彗星划过；而在5000AU到100000AU之间，有一团万亿彗星组成的星云包裹着我们的太阳系，这便是假说中的奥尔特云，太阳系真正的外侧边缘。

光

100000AU这样的距离易于书写也便于传递，但是它真正的含义是什么？我们再次发现，这样的数字实在过于庞大。所以，请把整个太阳系（奥尔特云以外，直到太阳风与恒星际空间之间的边界）想象成一间小学教室。太阳——目前为止，它是这间屋子里最大的物体——飘浮在教室中央，比一粒盐小一点。地球的尺寸大概相当于显微级的细菌，轨道半径约为10厘米。

或者我们反过来说：假如地球的尺寸和盐粒差不多，那么我们的太阳系（只到冥王星轨道！）宽度就是352米——也就是说，一粒盐放在三个半美式橄榄球场里面。如果把整个太阳系（以奥

如果我们的太阳系（以奥尔特云为界）大小和一粒盐差不多，那么银河系的长度就和美式橄榄球场相当；如果银河系是一粒盐，那么可见宇宙大约相当于芝加哥110层的西尔斯大楼。

如果把整个宇宙的尺寸缩小，让地球变得和本页上的句号一样大，那么最近的恒星就在1500千米以外，而银河系中心大约在800万千米以外。

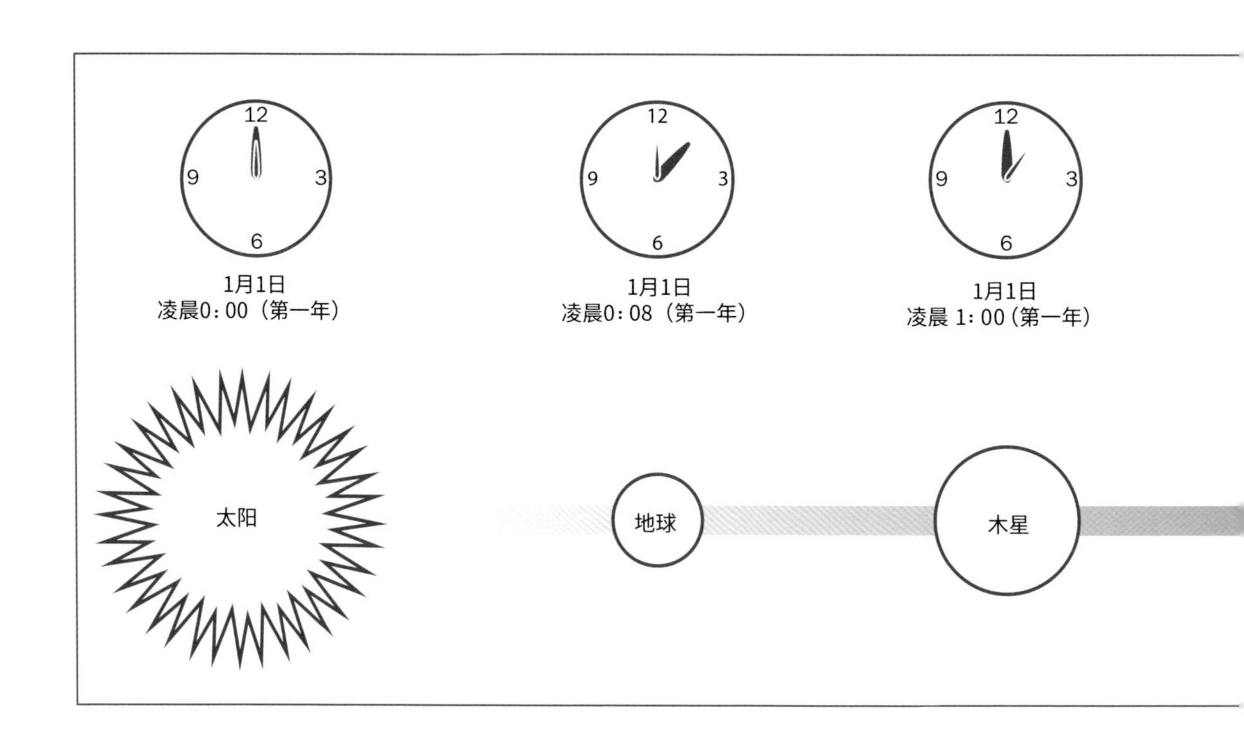

有的科学家半开玩笑地提议说，我们应该以光纳秒作为基本的长度单位，即光在十亿分之一秒内通过的距离，这个值正好是 30 厘米左右，或者说 12 英寸（1 英尺）。

尔特云为界）都算进来，那么尺寸还要扩大 2000 倍：一粒盐放在 450 英里（724 千米，这个距离相当于从旧金山飞到西雅图，飞行时间 2 小时，而且路上基本什么都没有，除了几点尘埃）宽的场地里。

当然，谁也不愿意处理 100000AU 或是万亿米这样的数字，因为后面的零实在太多！取而代之的是，天文学家用“秒差”来简化这些极大的数。秒差的定义方法只有数学家才会喜欢，它以恒星视差为基础：地球在轨道上的位置发生变化，会导致我们观察到的遥远恒星位置产生微妙差别。视差效应你应该相当熟悉：举起一根手指，放到面前一臂远处，闭上一只眼睛，然后睁开，同时闭上另一只眼，你会发现手指相对于背景的位置发生了变化。天文学家利用视差来定义秒差，再利用秒差来测量距离。

我们这些外行的常用单位就简单多了：光年。光的传播速度总

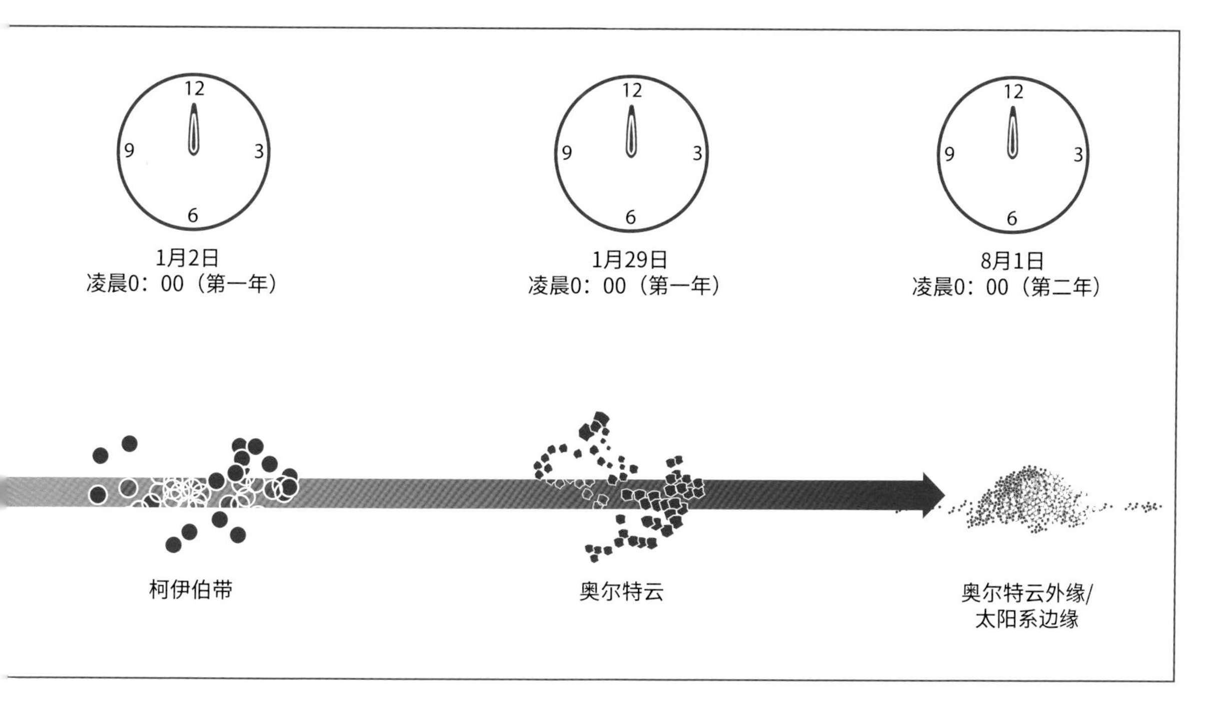

是恒定的，真空中的光速准确值大约是 299792458 米 / 秒——可以简化为 300Mm/s（也可写作 3×10^8m/s）。想象一下，1 光秒的距离就相当于绕地球赤道七周半。

你可以形象化地设想，假如一束光在 1 月 1 日凌晨 0 点离开太阳表面，那么在 0：08 出头一点点，它就将到达地球（1 天文单位处）；到凌晨 1 点（1 光时），它已经越过了木星轨道；再到第二天午夜（一光日），它已经跑完了 26Tm，远远地把柯伊伯带甩到了后面。但是，再过 27 天，这束光才能抵达奥尔特云的内边缘，然后它将在这片星云中穿行很久很久。到了 12 月 31 日的午夜，即 1 光年后，它还在冰冷的太空碎片中穿梭。直到第二年 8 月，离开太阳足足 20 个月以后，这束光才能抵达太阳系边缘。

显然，1 光年真的很长。假如你准备参加智力竞赛，请牢牢记住：1 光年是 9.46Pm（拍米，即 10^{15} 米），约等于 6 万亿英里，

“光年”中使用的“年”实际上是儒略年，一个儒略年精确地等于 365.25 天，其中每天等于 86400 秒。

63200AU，或者 31557600 光秒。还有，地月距离只有 1 光秒出头一点儿。

但是，1 光年到底是大是小，完全取决于你看待的角度。我们很快就会发现，这个单位其实小得可怜。说到底，哪怕只是探索我们的太阳系所在的银河系，也需要用到“千光年”这样的单位（简写为 kly）；而跨越星系的距离将达到百万光年（Mly），宇宙中的超星系结构更是绵延数十亿光年（Gly）。

走向无穷……并超越它！

在乡村地区或是山顶，晴朗夜空中浩渺的星海美得让人目眩神迷。然而实际上，在地球上的任何地方，你能靠裸眼看见的恒星只有大约两千颗，而且这些星星很可能都是我们这个银河系里的。直到一个世纪前，天文学家还认为银河系就是整个宇宙。但我们很快就会看到，实际上宇宙比这要“大一点儿”。

“相对于我们的身体，体内的细胞非常渺小，正如相对于高耸的山峰，我们自己也显得同样渺小。”

——克里斯托弗·波特，《你在这里》（*You Are Here*）

离我们最近的恒星是南方深空中的半人马座阿尔法 A、半人马座阿尔法 B 和比邻星组成的半人马座阿尔法三合星，距离地球仅有 4.2 光年（约 1.3 秒差，或者说 40 拍米）。为了理解这个距离到底有多远，请把我们的地球想象成洛杉矶的一粒葡萄，那么半人马座阿尔法 A 则是芝加哥的另一颗略大一点儿的葡萄。如果我们能向这几颗星星发射一枚时速 80000 千米的火箭，那它要过 57000 年才能到达目的地。

在银河系的恒星之间，这个距离还算普遍，不过也有很多两颗或三颗恒星组成的紧密星簇，例如半人马座三合星，它们彼此之间的距离要近得多。恒星自身的尺寸差异可能相当夸张：有的恒星比我们的太阳小得多，例如红矮星，而有的则远大于太阳。比如说，猎户座的红超巨星参宿四离我们大约 640 光年，是夜空中最明亮的星星之一，它的半径几乎是太阳的 1200 倍，如果把参宿四放在太阳系中央，那么地球、火星乃至木星都会被淹没在它内部。

目前已知的最大恒星是大犬座 VY，它距离我们 5000 光年，体积是参宿四的两倍。如果说这颗恒星的尺寸和珠穆朗玛峰差不多，那我们的太阳直径就只有 4.5 米。

在距离我们 27000 光年的人马座里，有一个巨大的黑洞人马座 A，它的引力如此巨大，所以它成了整个银河系旋转的中心。银河系之所以得名，是因为夜空中的璀璨星辰形成了一条雾蒙蒙的条带，仿若横贯夜空的天河。这条星星的河流实际上是数十亿颗大致在一个平面上旋转的恒星，厚约 1000 光年，宽达 100000 光年（30 千秒差，或者说 9.5×10^{20} 米）。请想象一下：如果把太阳系（以冥王星为界）压缩到一枚硬币的大小，那么整个银河系的面积大约和美国西部差不多。

在这个圆盘中，我们能看到的上下两侧的恒星数量差不多，这意味着我们的位置大约在整个“螺旋”的中间层，所以两侧星星数量大致相仿。但是，既然我们裸眼能看到的恒星只有 2000 颗左右，那银河系里实际的恒星数量又是多少？透过望远镜观察，再做一做算术，你会发现，银河系里的恒星数量为 2000 亿～ 4000 亿颗，它们每隔 2.5 亿年左右就会绕着人马座 A 转一圈。

南半球的居民仰望夜空时，或许会发现有两团小小的星云仿佛正在脱离银河系。那是大、小麦哲伦云，由 16 世纪费南多·麦哲伦远征南美的船队首次发现。更确切地说，那是两个星系——大麦哲伦星系（LMC）和小麦哲伦星系（SMC）——也是我们唯一能用裸眼看到的银河系以外的天体。大、小麦哲伦星系都是矮星系，尺寸还不到银河系的七分之一，二者之间的恒星数量可能只有 3.5 亿颗，而且这两个星系离我们的距离都超过 160000 光年。

“宇宙很大，真的很大。你不会相信它的庞大有多么超乎想象。我是说，你可能觉得成为化学家的道路十分漫长，但跟宇宙相比，它不过是颗小花生。”

——道格拉斯·亚当斯，

《银河系搭车客指南》

大犬座高密度区就在我们的银河系旁边。事实上，它离地球的距离比地球离银河系中心更近，只有 25000 光年。

当然，质量越大，引力就越大——引力让行星围绕恒星运行，同样，星系中的恒星也被黑洞的引力牢牢抓住，引力的束缚造就了整个银河系。未来某天，小麦哲伦星系很可能会被质量大得多的银河系吞噬；为免吹嘘，我们只需要看看 250 万光年外的仙女座星系。仙女座星系拥有的恒星数量多达一万亿颗，现在它正在以 500000 千米 / 小时的速度向我们靠近，两个星系大约在 20 亿年后会发生碰撞，届时的场面想必非常壮观。

看起来我们对宇宙的尺寸已经有了一点儿概念，但实际上，银河系、麦哲伦云和仙女座星系只是所谓“本星系群”的一小部分，整个本星系群有大约 30 个独立星系。在纽约的美国自然历史博物馆里，你可以切身体会到本星系群的大小：博物馆里有个直径 26.5 米的海登球，一块标志牌告诉你，如果把本星系群压缩到这个球的大小，那么银河系的直径大约就是 2.5 英尺（76 厘米）。在这个星系群内部，星系之间分布着……我们也不知道是什么，但很可能只有无尽的虚空。正如人们常说：“太空之所以叫太空，总是有原因的。”

“大和小都没有尽头，无论某样东西有多小，总有比它更小的；而无论它有多大，也总有更大的。”

——阿那克萨哥拉，公元前 5 世纪希腊哲学家

我们继续前进，本星系群又是室女座超星系团的一小部分，这个超星系团大约是银河系的 1000 亿倍，由数百甚至数千个星系组成。如果你还没晕的话，请想象一下：宇宙中可能有大约 1000 万个超星系团，包含着数 10 亿（甚至数万亿）个星系，其中有大约 3×10^{22} 颗恒星。现在天文学家相信，很多恒星都拥有有水行星，就算其中只有一小部分适宜居住，那么按照概率，宇宙中几乎必然存在有意识的生命，等待着我们去发现。

今晚仰望夜空时，请记住，仅仅在北斗七星的“勺子”里，就有数百万个星系（注意，是星系，而不是恒星）。

无论多强大的望远镜也无法看清每个星系中的每一颗恒星。更常见的是，整个星系的星光混杂在一起，看起来也只有针尖大小，

▲ 左上是哈勃望远镜超深空图像，它代表的范围大约是夜空中的笔尖大小

就像你从卫星图像上观察，整座城市数千条街道、数万幢房屋的灯光汇聚起来，形成一个朦胧的光点。从宇宙中观察，地球上的城市灯光汇聚成网，与此相似，宇宙中的一簇簇星系汇成一根根纤维，又交织成棉花糖似的复杂网络。

2003 年发现的“斯隆巨壁”（sloan great wall，或叫斯隆长城）是最粗的那根纤维，这个巨大的结构离我们大约 10 亿光年，由数不清的星系组成。它长约 15 亿光年，像三明治一样被太空中的两个巨洞夹在中间。不过，尽管这堵巨壁大得不可思议，但它的长度大约只有已知宇宙直径的 1/60——从计算机绘制的已知宇宙背景图上观察，斯隆巨壁并不比挡风玻璃上的一摊污渍更显眼。

“人类知道，世界的基准并不是人类尺度，但他们却希望是。”

——安德烈·马尔罗，《阿腾堡的核桃树》（*The Walnut Trees of Altenburg*）

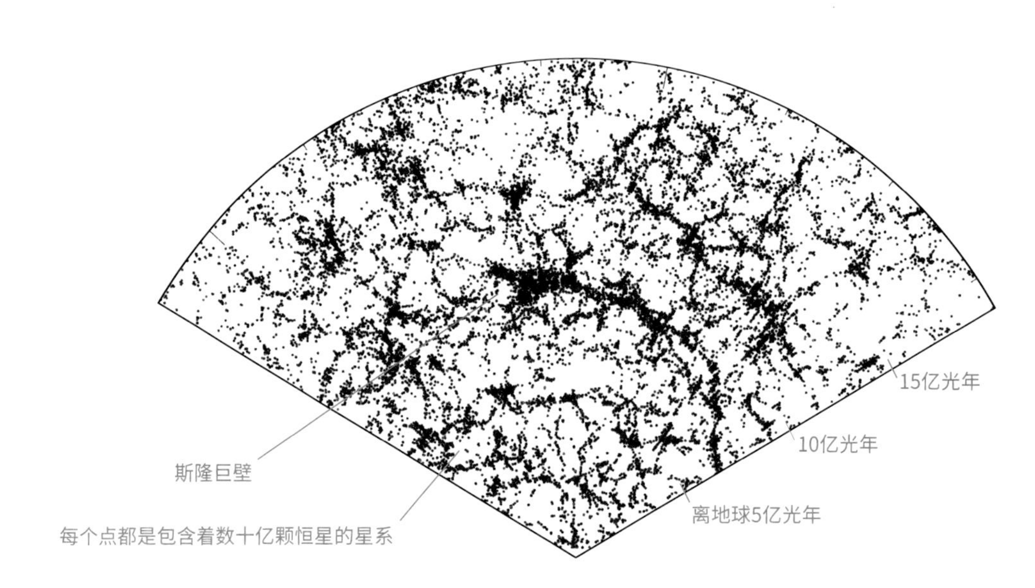

M.布兰顿与SDSS合作绘制，www.sdss.org

遥望宇宙，就像在阳光灿烂的下午望向一间烟雾弥漫的房间，你会看到无数尘埃在光束中飞舞。但是，请想象一下：每一粒灰尘都是一簇星系，而分隔星系团的，则是广袤得超乎想象的虚空。尘埃内的每一个星系又各自是一间灰尘密布的房间，里面有数不清的恒星，就像我们的太阳一样。

按照天文学家目前的认知，我们的宇宙半径大约是460亿光年（435尧米，即4.35×10^{26}米）。如果宇宙的年龄真的如天体物理学家相信的那样，“只有”137亿年，那么它理应比现在小得多。那么，这个尺寸是人们幻想出来的？不，宇宙本身比幻想还要古怪得多。

探寻微观

宇宙的庞大与世界的渺小同样令人惊叹。在宇宙的尺度下，你很容易忽视自己周围不起眼的世界，尽管它处处都让人肃然起敬。要知道，宇宙中最大的超星系团也是由和我们一样的基本物质构成的：原子、亚原子微粒，可能还有比这更小的东西。

我们能握住的绝大部分物体尺寸在几毫米到几厘米之间。这样的尺度我们非常熟悉——看得见、摸得着。最小的哺乳动物是小臭鼩和凹脸蝠，体长只有3厘米出头。一枚硬币的直径大约是1.9厘米，大头针针帽约为1.5毫米，而一粒盐大约有0.5毫米，也可记作500微米（μm）。微米是毫米的千分之一，一米的百万分之一。

人类视力能分辨的尺寸下限约为100～200微米（即1毫米的1/10～2/10），大致相当于尘螨和人类卵子（人体内最大的细胞）的直径，人类头发的直径和一张美元钞票的厚度大概也是这么多。

但是，尽管我们能看到一粒盐或是一只极小的虫子，但人类依然难以理解，微观世界的机制与我们的宏观世界截然不同。比如说，人类可以呼吸空气、毫不费力地在空气中行进，但对微小的昆虫来说，空气是无数分子组成的厚重流体——我们以为虫子在飞，实际上它们却觉得自己是在游泳。若是继续向前，走进不久前仍无法探知的不可见的世界，那我们就必须学习一些新的规则，从人类的角度出发，你一定会觉得这些规则实在太奇怪了。

光学显微镜会像哈哈镜一样扭曲光线，让我们能够看到小于 100 μm 的动物和植物细胞。湖水中的草履虫只有 60 μm，血红细胞则是大约宽 7.7 μm、厚 3.7 μm 的圆盘。为了让你切身体会这到底有多小，我们把血红细胞放大到苹果的尺寸，那么按照同样的比例，真正的苹果就会变得和两座帝国大厦叠起来一样高。

也有比这小得多的细胞：精子细胞的头部只有大约 5 μm 长，但热狗形状的大肠杆菌大小还不到它的 1/2。这种微生物在我们的大肠里欣欣向荣，在它们的世界里，哪怕是纯净的水也像蜂蜜般黏

▼ 这只蛾子的眼睛宽 800μm，是血红细胞（右下）的一百倍；木槿花巨大的刺状花粉宽度大约是 110μm

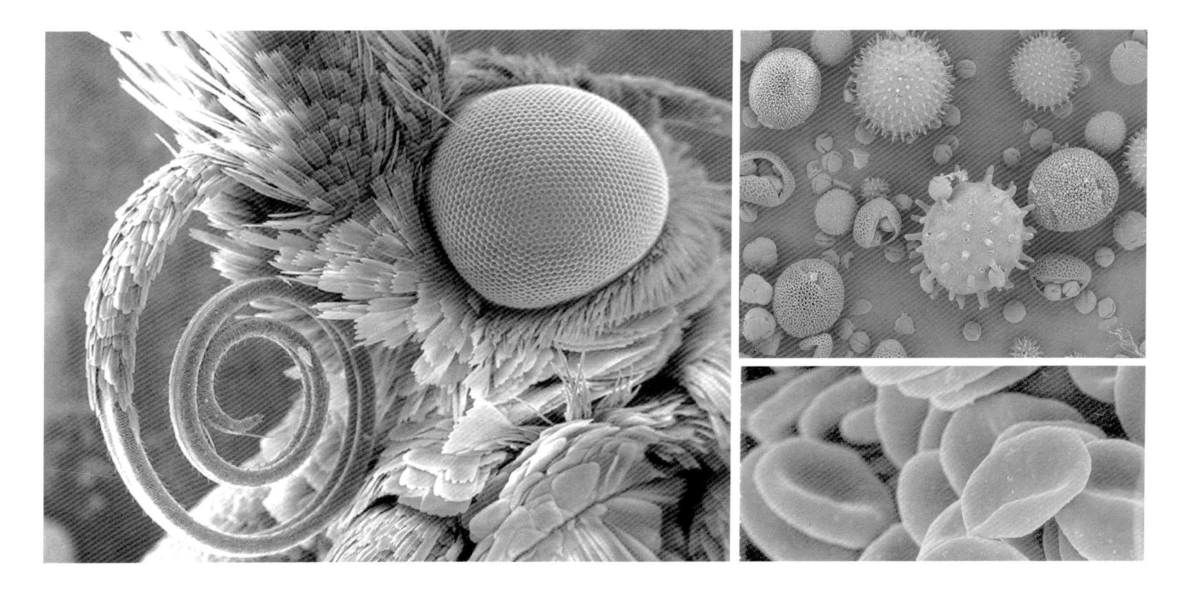

蛾子和花粉图片来自达茅斯大学；血红细胞图片来自蒂娜·卡瓦略

稠，而让人震惊的是，本句末尾的句号里就能装下大约 20 万个大肠杆菌。

十亿：1 纳米等于十亿分之一米；1 角美元硬币的直径大约是地球直径的十亿分之一。

最强大的光学显微镜能把物体放大 1000 倍以上，让我们能够看见细胞内部不到 1 微米的细胞器——它们的尺寸需要用纳米来衡量，即十亿分之一米。为了感性理解十亿分之一米的尺度，请想象你指甲盖的一半宽度与纽约到洛杉矶的距离之比。

我们可以制造更强大的放大透镜，但到了这样的尺度下，可见光本身会带来麻烦。说到底，单个光波的长度大约是 400nm。要让我们看见某样东西，光波必须被这件物品影响——反射、折射或是吸收。流感病毒的长度约为 115nm，这个尺寸实在太小，很难对光波造成影响；引起普通感冒的球状鼻病毒则更小：它的宽度只有 20nm。

“一片片云层层叠叠汇聚起来，形成巨大的云团。凑近一点儿你就会发现，云团表面并不光滑，而是呈现不规则形状，就如它的整体轮廓一样，只是尺度更小一些。”

——本华 · 曼德博，数学家

在这个尺度下，我们要处理紧紧挤在一起的分子团。光波与小分子之间的尺度对比就像 40 米高的巨浪一头撞上海滩上的鹅卵石——海浪或许会被整片的海滩影响，却不会被一块乃至一堆岩石左右。

取而代之的是，为了搞清纳米世界里的事情，科学家需要借助波长为可见光 1/100000 的 X 射线或电子束，观察它们与分子互动时微电荷的波动；或者利用原子力显微镜，借助极度纤细的探针来“触摸”样品表面的凹凸，为那个看不见的世界构建图像。

两条紧紧纠缠的双螺旋组成了 DNA 的分子结构，它的宽度仅有 2nm 左右——但若是能解开螺旋，那么一个细胞内的 DNA 长度将达到 2 米。一个食糖（葡萄糖）分子的宽度大约是 1nm，和一种形状类似足球的分子大小差不多。这种球形分子被称为“巴克明斯特富勒烯”，或者简称“巴克球”。这个冗长的名字来自网格球形穹顶的发明者，巴克球少量存在于普通的煤灰之中，由 60 个碳原子构成，受压硬度是钻石的两倍。

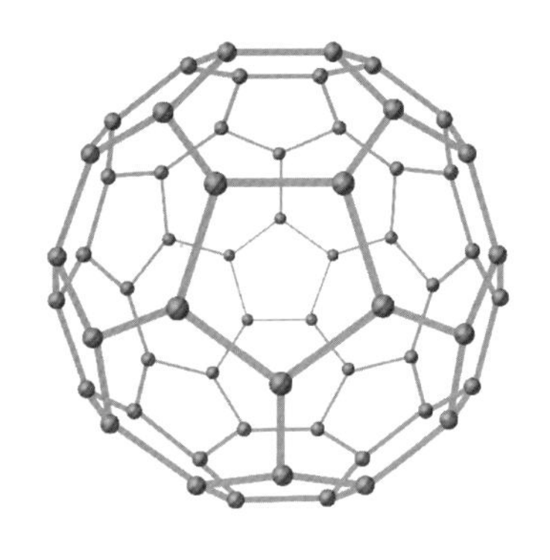

▲ 巴克球分子

在这张纸上印出一个字母“A”，需要消耗的墨水分子不但足够给地球上的每个人都分一个，甚至足够给银河系里每一颗行星上的每一个人都分一个——哪怕每颗恒星都拥有一颗地球这样的住人行星。

在“真实世界”里拍拍手，你会听到清脆的掌声，感受到拍击产生的热量。但在纳米级——或者更小的皮米级，即1米的万亿分之一——的世界里，事情的走向完全出乎我们的意料。原子和分子很少发生真正的碰撞（除非是在太阳或超级对撞机里面），取而代之的是，它们会不断地相互吸引或排斥，就像微型磁铁一样。一只手向另一只手靠近时，你皮肤里面的分子会绷得紧紧的，彼此挤在一起，共同推开另外的那只手，推力越来越大，直到堵死所有可能的通路。整个过程进展很快，而且发生在显微级层面上，于是毫不知情的我们相信自己的手是固体。与此类似，你或许还能感觉到自己的背靠在椅子上，汽车的保险杠撞上一堵混凝土墙——我们深信周围的一切都是坚实的固体，但实际上，你体验到的一切都来自电磁力的作用。

一般而言，原子的尺寸大约是零点几纳米，即100～500皮米之间。最小的原子（氢、碳、氧等）直径都在100皮米左右，所以这个尺度有时候被称为“埃”（来自斯堪的纳维亚语里的Å）。这些分子可能被磁力紧紧束缚在一起，形成固态结构，例如晶体；也可能松散地形成固体，或是干脆自由飘浮形成气体。气体内部的分子间隙很大，大约是自身直径的5～10倍。

实际上，真正理解近乎无穷小的原子尺寸基本不可能做到，但我们可以利用此前提到的直径27米的海登球来尝试一下：如果把血红细胞放大到海登球的尺寸——比六层楼还高——那么等比放大的鼻病毒直径将达到7厘米；若是鼻病毒变得跟海登球一样大，那么单个水分子的大小就跟充气健身球差不多，单个原子的尺寸则和篮球相仿。

或者这样想：如果把苹果放大到地球的尺寸，那么一只跳蚤就相当于一个小国，阿米巴虫或者单个的人体细胞就和中等规模的城市差不多大。一个人类染色体大小约等于一个棒球场，一个病毒可以填满内场，单个分子和本垒板差不多大。

探究不可分割的基本粒子

唯物主义者坚定地认为，所有事物必然由更小的单位组成。所以，虽然“原子”（来自拉丁文里的“atomus”和希腊文的“atomos”，意思是“不可分割”）这个词的本义是“最小的东西”，但每一位大学生都知道，比“埃”还小的世界里，还隐藏着更多东西。从某个角度来说，你可以在单个原子里发现宇宙的诸多秘密，但从另一个角度来说，原子内部几乎空无一物。

如果你从没去过休斯敦宏伟的阿斯托洛体育场，那么请想象一座巨大的圆顶运动场，可容纳六万五千人同时观看一场美式橄榄球赛。现在，有一个西瓜放在场地中央的50码线上，它就相当于原子内部的原子核，原子核周围包裹着一团巨大的球形电子云，电子云与原子核之间的距离非常遥远，中间空无一物。比如说，氢原子的尺寸是它的原子核大小的50000倍左右。如果该原子的尺寸（定义为电子云的直径）是100皮米，即1埃（10^{-10}米）左右，那么由单个质子组成的原子核尺寸只有几飞米（10^{-15}米）。

飞米（fm）真的很小很小：它是纳米的百万分之一，即10^{-15}米。还有很重要的一点，在亚原子层面上，词语的含义与我们生活中常用的含义一般有所区别。比如说，电子实际上并不是示意图中经常出现的小点，它没有明确的尺寸和质量。确切地说，单个电子存在于一团连续的概率云（“它可能在这里，这里，或是这里”）中。大部分情况下，它不会停留在某个确切的地方。再强大的显微镜也无法拍到原子的清晰照片，它更像一团模糊的阴影，因为在这个层面上，根本不存在绝对的真实——一切都只是概率，永远无法确定。

物体的尺寸

无穷小
弦级
纳米级
亚原子级
原子
分子
线粒体
细胞
显微级
极小
微小
微型
小
中等
大
庞大
超大
巨大
巨型
庞然大物
异常巨大
海怪般庞大
宏大
银河级
宇宙级
无穷大

摘自《哈奇量级》（*Hatch's Order of Magnitude*）

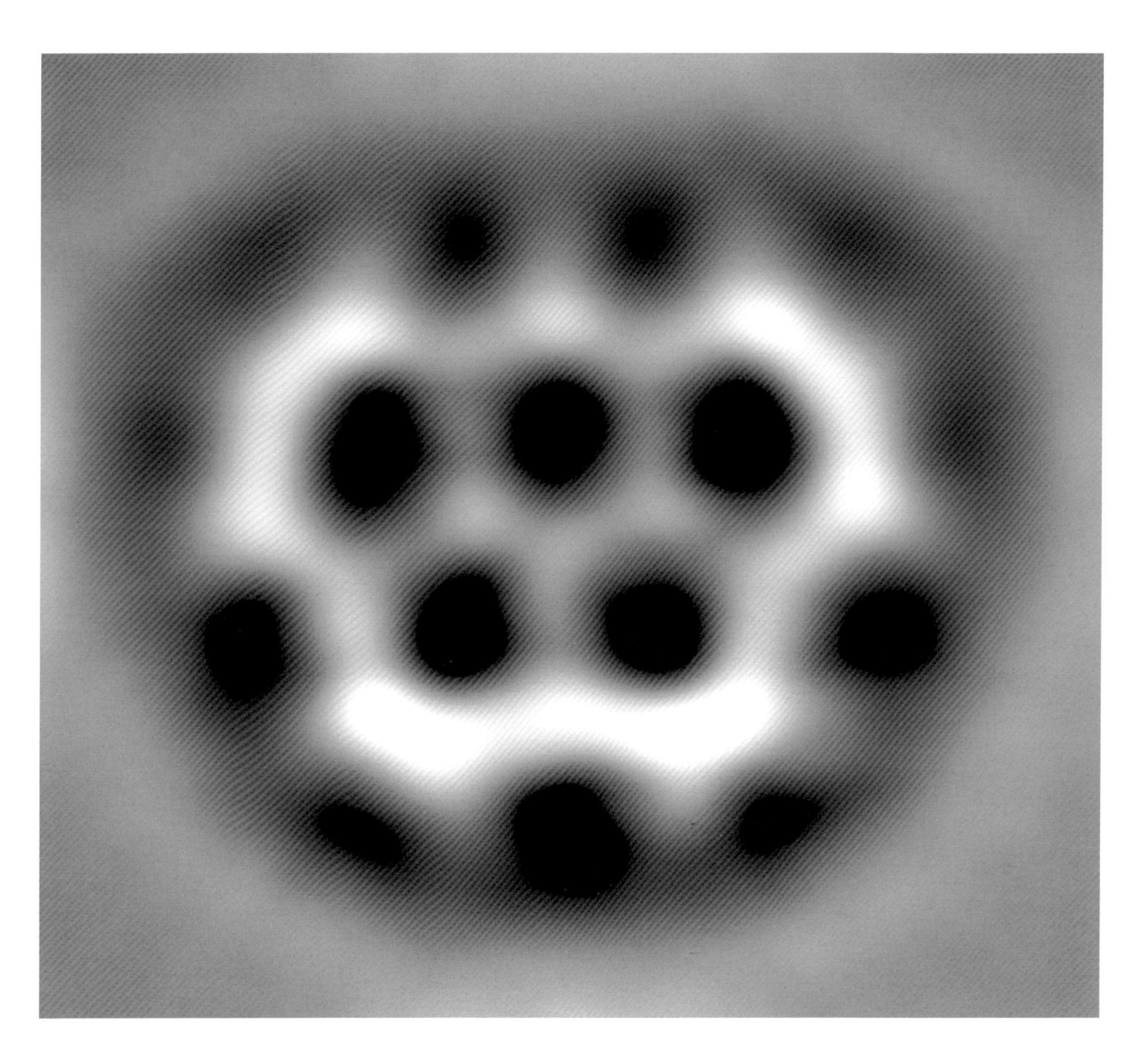

图片来源：IBM研究中心，苏黎世，华威大学，英国皇家化学学会

▲ 奥林匹克烯——得名于奥林匹克的标志——分子的宽度仅有 1.2 纳米，由五个连在一起的碳原子环组成

此外，电子和光子一样属于基本粒子——这种粒子真的无法再分割成更小的组成部分，因为它根本没有确切的尺寸。或者更准确地说，基本粒子在某些情况下的确有尺寸，但在其他时间，它们更像是能量波，或是在确定与不确定的阈值间持续来回穿梭的概率。

飞米级的原子核占据了原子质量的99.9%，它由一个或多个质子与中子构成（除了只由一个质子构成的氢原子核以外），这些粒子有质量，而且有可能被打碎，得到一系列名字与特性各不相同的基本粒子。不过这些基本粒子有个奇怪的共同点：和电子一样，它们会影响空间，但却不一定会占据空间。在这个最基本的层面上，很难界定能量与物质的分野，所以有时候我们会说，这些粒子的尺寸最多不超过1阿米（10^{-18}米）。

科学家给这些基本粒子起了很酷炫的名字，例如夸克、μ子和轻子，它们靠胶子和玻色子之类的“力载子”结合在一起。我们知道这几种粒子的确存在，但还有其他几种粒子目前仅停留在假说阶段，例如快子、引力子和希格斯玻色子——最后这种又叫“上帝粒子”，因为科学家认为它将质量赋予其他粒子，从本质上说，这无异于将光化为物质。

美国发明家兼政治家本杰明·富兰克林十分随意地用“正”和“负”两个词来描述电荷的两种类型，与此相似，今天的科学家也用各种形容词来描述五花八门的“粒子动物园”，例如上、下、顶、底、旋和味。比如说：质子由2个上夸克和1个下夸克组成；中子的成分则是1个上夸克和2个下夸克——要是够努力的话，你说不定能找到“红牡丹夸克”甚至“反蓝反下夸克”！名字里的形容词和粒子本身的性质其实并无关系——在这个层面上，没有所谓的“上”“下”，更没有颜色——但它能帮助科学家划分种类。

既然在亚原子的层面上，尺寸已经失去意义，我们为何还要寻

如果地球是一枚放在本垒板上的棒球，那么月球就是7.5英尺（2.3米）外的一颗樱桃。火星离我们的距离只有大约三分之一英里（530米），太阳直径约27英尺（8米），离我们四分之三英里（1200米）。再往外的木星在3英里（4800米）外。哪怕在这个尺度下，太阳系外最近的恒星依然非常遥远，超出了世界地图的范围。

如果地球是旧金山的一粒沙子，那么最近的恒星（除太阳以外）相当于数百英里外的一颗干花椒，位置大约在科罗拉多大峡谷附近。作为夜空中最明亮的恒星，天狼星的大小和棒球差不多，离我们的距离大致是半个美国。

根究底？这无异于在珠穆朗玛峰顶搬一张脚凳站上去，然后宣布自己又高了一点儿。无论如何，永不满足的好奇心驱使着科学家一路向前——要知道，“科学”这个词的拉丁词源意思就是“去弄明白”，或者说，将某事和其他事区分开来。所以，是否存在这样的可能：夸克和其他不可思议的小粒子（例如神出鬼没的中微子）也是由更小的物质构成的？

下面我们要介绍的只是一些假说，但这些假说都来自严肃的研究和思考。有一个主流的想法认为，在物质的最底层，一切事物都由 11 维宇宙中“振动的弦”构成。这些弦长约 1.6×10^{-35} 米，这个尺寸被称为普朗克长度。换句话说，弦与原子的大小之比相当于原子与你的手臂长度之比。或者想象一下：如果把单个原子放大到整个太阳系的尺寸，那么 1 个普朗克长度相当于单个 DNA 串的宽度。

普朗克长度也是最小的有意义的长度。也就是说，在光速、引力和其他通用常数的约束下，物理学家无法计算出任何比这还小的物质。如果你觉得我们身处的真实世界是由一个个小格子构成的，就像电脑屏幕上的像素点，那么每个像素点的高和宽都是 1 普朗克长度。无论如何，这就是我们探索旅程的极限。

▼ 尺寸的谱系（请注意，图中刻度并未依照实际比例绘制）

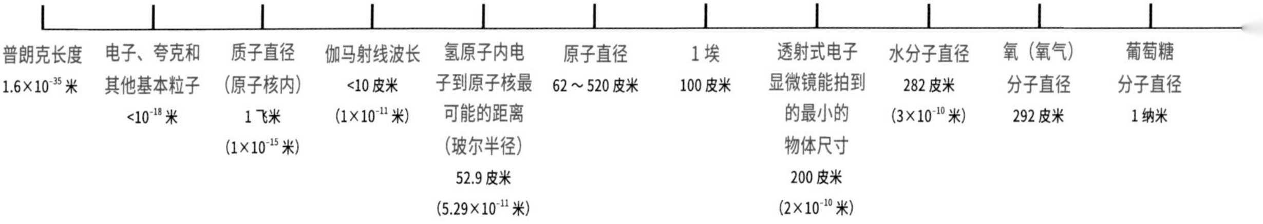

普朗克长度 1.6×10^{-35} 米

电子、夸克和其他基本粒子 $<10^{-18}$ 米

质子直径（原子核内）1 飞米（1×10^{-15} 米）

伽马射线波长 <10 皮米（1×10^{-11} 米）

氢原子内电子到原子核最可能的距离（玻尔半径）52.9 皮米（5.29×10^{-11} 米）

原子直径 62 ～ 520 皮米

1 埃 100 皮米

透射式电子显微镜能拍到的最小的物体尺寸 200 皮米（2×10^{-10} 米）

水分子直径 282 皮米（3×10^{-10} 米）

氧（氧气）分子直径 292 皮米

葡萄糖分子直径 1 纳米

尺寸取决于空间

不幸的是，要讨论尺寸与维度的谱系，你永远绕不开一个基本问题：尺寸取决于空间。也就是说，任何测量都必须以某物占据的空间（长度、宽度和高度）为基础。而且——听起来的确很奇怪——科学家迄今也不知道空间的本质和机制。

人人都知道，科学与数学的关系密不可分，但很少有人知道，科学家和数学家对哲学的依赖到底有多深。我们渴望相信，科学传递的是绝对的真理，但实际上，科学的绝对真理建立在假说和推论之上，而且在某些情况下，我们根本无法证明某些推论是不是靠得住。说到空间，情况更是如此。

17 世纪末，杰出的物理学家艾萨克·牛顿在《自然哲学的数学原理》一书中阐明了自己的观点：时空是绝对的标准，任何事物在时空中自有其位置与秩序。牛顿对真实的牢固掌握令人安心，那看不见摸不着却又无比坚实的脚手架搭起了宇宙的形状。在牛顿的世界里，尺子就是尺子，绝对不会动摇——这是现代主义的精髓所在。不过当然，不要忘了，正是这位先生曾借着科学之名，将一根钝针扎入自己的眼球和眼骨之间，只为了探查那后面到底有什么。*

▲ 艾萨克·牛顿爵士

* 据记载，后人在整理牛顿日记时发现，为了研究眼睛与视觉间的关系，他曾用一根粗针扎进自己的眼球和眼骨之间。

就在牛顿探索绝对宇宙的同时，数学家戈特弗里德·莱布尼茨

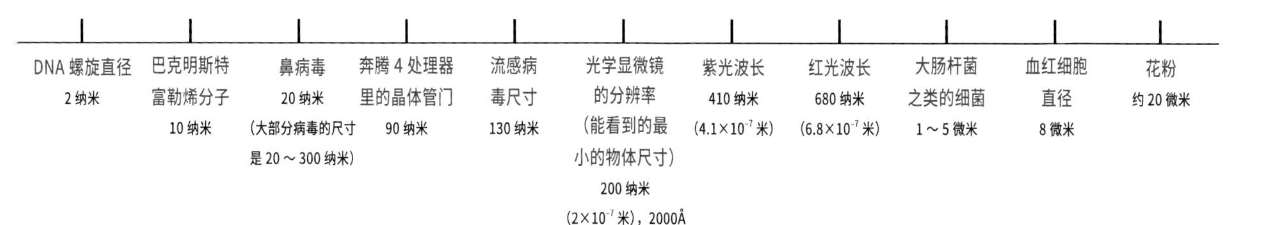

▲ 戈特弗里德 · 莱布尼茨

提出，宇宙中一切事物的位置都由其他事物确定，并相对于其他事物不断地运动。也就是说，物体不是存在于一个固定的空间中，而是物体之间的关系定义了空间本身。

这看起或许有些吹毛求疵，但关于空间本质的假说深刻影响着科学与我们测量事物的方式。比如说，天文学家从遥远恒星获得的数据在各个不同的模型中有着截然不同的解释，导致各家流派对宇宙的理解大相径庭。

不过，在 20 世纪初，爱因斯坦的相对论对空间的本质提出了全新的反思。按照相对论，空间以参照系为基础。此外，空间远远不是绝对的，它会因质量和运动的影响发生翘曲。比如说，运动速度更快的物体会变得更短、更重，但这个结果只有在与运动速度慢得多的物体对比时才能成立——也就是说，它是相对的。还有另一件怪事：物体越重，它扭曲时空的能力就越强，就像拧绞海绵泡沫一样。从空间内部的任意点观察，都无法看到它被扭曲的迹象，但若是仔细测量在空间中行进的光，你就会发现蹊跷之处。爱因斯坦的理论一次又一次地得到实验数据的证实：织成宇宙的纤维不是坚硬不可动摇的，而是有弹性的。

以爱因斯坦的理论为基础，物理学家汉斯 · 赖欣巴哈于 1928 年发表了《时空哲学》一文，他在文中指出，你无法得知一件物体固有的、绝对的尺寸，只能得到它相对于其他物体的参数。当然，

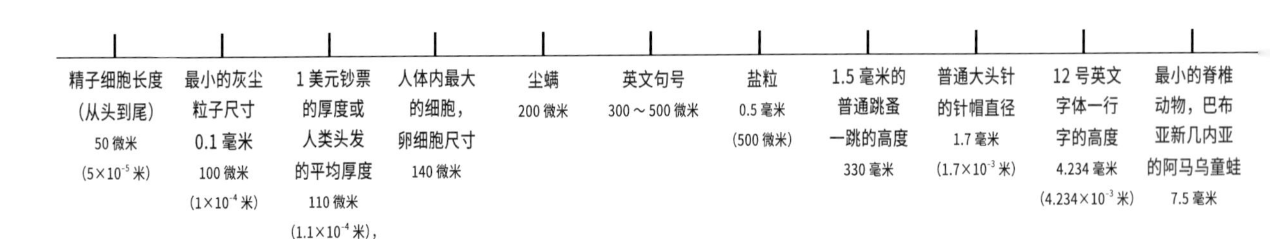

既然一切都是相对的，包括时空，那么我们必然陷入一个怪圈：既然无法掌握时空的几何结构，我们又如何能理解自然潜在的力量？而若是无法理解自然潜在的力量，我们又何从掌握时空的几何结构？“看起来，”赖欣巴哈写道，“时空的谜题只能留给莱布尼茨这样深谙数学的哲学家，以及爱因斯坦这样精通哲学的数学家来解答。”

▲ 阿尔伯特 · 爱因斯坦

归根结底，面对宏大的宇宙，人类仿若盲人摸象，不同的角度总会得到不同的“真相”。我们从自己能触摸到的尺度——人类尺度——出发，在这个层面上，牛顿定律基本没有问题。然后，利用科学设备，我们伸展触角，得到了从人类角度无法解释的数据。似乎在极大和极小的世界里，自然规律发生了变化。

比如说，按照传统模型，恒星和星系一直在不断远离，就像大爆炸产生的碎屑总会往外飞。但目前的理论提出了新的设想：空间本身——也就是这些庞大天体之间的“虚无”——在不断膨胀，就像吹气球时气球表面不断延展，或者面包在炉子里膨胀。空间膨胀的动力主要来自宇宙学家所称的暗能量。（请不要把这个概念和暗物质搞混，我不是含沙射影，暗物质完全是另一回事。）

据我们所知，空间正在以每百万秒差（3.2 光年）每秒约 70 千米的速度膨胀。换句话说，假如你能用一根卷尺测量地球到比邻星的距离，低头看看卷尺上的刻度，你就能读出一个数来——不过收

咖啡豆的长度 12 毫米

27°C时 20 千赫（人类能听见的最高频率）的声波波长 1.7 厘米（1.7×10^{-2} 米）

硬币直径 1.9 厘米

八周龄人类胎儿长度 3 厘米

微波炉里的微波波长 12.2 厘米（1.22×10^{-1} 米）

最大的蜘蛛，亚马孙巨人食鸟蛛 展腿宽度 11 英寸（28 厘米）

27°C时 440 赫兹的声波（中 C 调略高）波长 79 厘米（7.9×10^{-1} 米）

1 码 91 厘米（0.91 米）

跳远纪录 8.95 米

最长的蛇，网纹蟒 10.7 米

27°C时 20 赫兹的声波（频率太低，人耳听不见）波长 17 米

回卷尺的时候，你会发现刻度之间的距离发生了变化，卷尺实际上被拉长了，所以你刚才测量的数据也变得毫无用处。

来自遥远超星系团的光跨越广袤得超乎想象的空间来到地球，天文学家每天都能从中看到时空膨胀带来的影响。随着空间的膨胀，光波本身也会变长，导致它们的颜色向光谱的红色那头移动，这种现象叫作“红移”。

空间正在膨胀的事实带领我们走向另一个震撼的可能性：那些极其遥远的天体远离我们的速度可能比光还快。当然，天体本身并未突破光速，但空间膨胀的累加效应却不容忽视。如果情况真的如此，那么宇宙可能比我们能观察到的还要广阔得多——来自遥远边界之外的光甚至不可能到达地球。

内部空间

让我们暂且收回仰望星空的目光，转头看看原子和亚原子的世界，等待我们的同样是一片混乱。还记得吗，所有材料都由分子构成，而分子又进一步分割成原子；原子彼此并不接触，而是由电磁力束缚在一起；原子内部主要是虚空。

仔细观察报纸或杂志上印刷的彩色照片，你会发现这些栩栩如生的图片实际上是无数小点组成的网格。图片丰富的颜色也是假象，

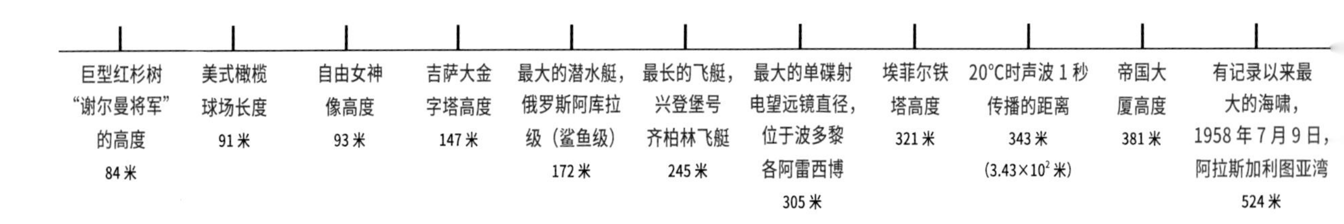

实际上，所有小点都是用四种色素印制的。远远看去，这些小点混合在一起，组成清晰可辨的图像。而我们所谓的现实又和纸面上印制的照片有何区别？被我们当作“真实”的东西，不也是由无数小点——松散结合在一起的物质——组成的吗？

要是没有纸张，墨水就无处展现魔力；同样，原子的呈现也仰仗于空间。空间本身是一种介质，我们常常对它视而不见，就像日本文乐木偶戏中身着素衣的木偶操纵师总是被观众忽略。然而归根结底，空间并非真的空无一物，电子、胶子、光子、玻色子、中微子、概率波和势场如暴风雨般在空间中交织成一片混沌。比如说，在特定的环境中，粒子可能纠缠在一起，表现得浑如一体，无论它们彼此的距离有多远。这个现象反复得到证实，哪怕它彻底违反了经典的物理学定律，于是，爱因斯坦提出了家喻户晓的“量子纠缠”理论，或者说“幽灵般的超距离作用”。

接下来，当我们深入阿米以下的尺度，时空的纤维失去了它诡异但可靠的均匀度，变得不可捉摸。就像开车驶离模拟广播站的播音范围时，你接收到的信号会渐渐变成静电噪声；同样，尺度足够小的时候，概率会让位于绝对的无序，所以现在的物理学家相信，在普朗克尺度上，空间变成了泡沫状的概率海洋。在这样的量子层面上，能量构成的虚粒子旋生旋灭，黑洞可能在上一个瞬间诞生，又在下一个瞬间消亡，而从宇宙中的某处通往另一处（甚至另一个

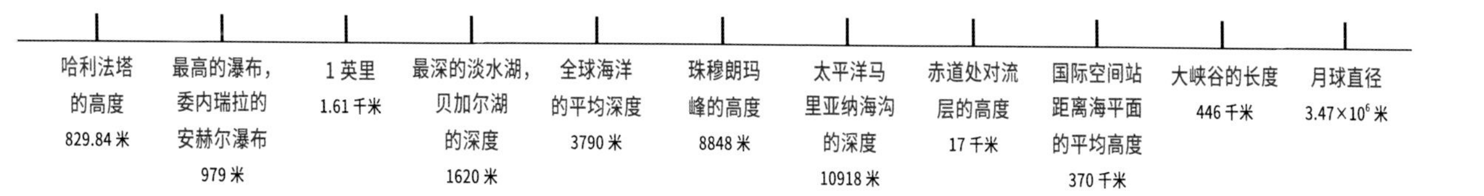

宇宙）的虫洞也总是悄然出现，又在不经意间消失。

当然，与前面的很多理论相似，我们现在讨论的这套假说也同样无从求证真伪。我们构建了数学的金字塔，试图描述自己身处的宇宙——有的理论体系甚至完全矛盾——结果发现，正确的答案可能不止一个，这完全取决于你看待的角度。绝大多数人认为宇宙大体是球形的，但实际上，时空可能是双曲线马鞍形，又或者（目前最前沿的理论）建筑在巴克球状的庞加莱十二面体之上。作为哲学与数学的甜蜜结合，超弦理论告诉我们，空间可能还有额外的、极其微小的五六个维度，它们复杂而精致地蜷曲成奇怪的形状，也就是学者所说的卡拉比 - 丘流形。

数学明白无误地告诉我们，宇宙中应该存在能够拉伸或压缩空间的引力波，但是在现实中，这种效应如此微弱，目前谁也没有探测到它的踪迹。*困难之一在于，噪声总会干扰实验数据——无意义的静电会扰乱我们的视野，就像老旧的天线电视信号总是很差。一个可能（但有争议）的解释是，我们观察到的干扰实际上是普朗克尺度的泡沫在宏观世界中的展现，而它之所以能被我们看见，是因为——坐稳了再看——我们所知的宇宙可能是某个复杂得多的现实在一张超大膜上的全息投影，其原理类似将三维图像印制在一张薄薄的信用卡上。这样说的话，我们的一切基本假设是否都建立在幻影之上？

你知道如何测量三个维度的尺寸：长度、宽度和厚度（或者高度）。但很多科学家设想了第四个空间维度——有时候它被称为安那 / 卡塔（ana/kata）。他们还提出了四维的超正方体。

* 2016 年 2 月，人类首次探测到了引力波。

澳大利亚的宽度 4×10^{6} 米

地球直径 12.74×10^{6} 米

GPS 卫星离地球的高度 2×10^{7} 米

地球周长 40×10^{6} 米

木星直径 143×10^{6} 米

地月平均距离 375×10^{6} 米

地日平均距离 150×10^{9} 米

火星到太阳的平均距离 225×10^{9} 米

海王星到太阳的平均距离 4.5×10^{12} 米

到奥尔特云的距离 7.5×10^{15} 米

1 光年 9.461×10^{15} 米

寻找答案的路途中，我们应该时刻记住20世纪英国数学家兼哲学家阿尔弗雷德·诺思·怀特黑德的名言："完整的真相并不存在，所有真相都是片面的。妄图把它们当作完整真相，这便是邪恶之源。"

超越极限

现代智人已经诞生了大约100000年，但仅仅在过去的数百年内，我们才开始对宇宙有了初步的了解——包括极大和极小的层面。有人仰望绕轨运行的行星，提出恒星学说；也有探索者望着另一个方向，猜测着微观生命是否存在。但是，直到一个世纪前，我们才发现了众多星系的存在，揭开了亚原子粒子的面纱。

每个发现都伴随着新的谜团，每个谜团又带来新的理论。每迈出一步都会有人宣称，现在我们终于懂了，但同时也有另一些人深知，现在我们终于又有更多东西可以学了。正如科学作家艾萨克·阿西莫夫曾经写道："我们以前被误导了。未来某日，更加错综复杂、广袤无垠的世界或许会在我们面前展露，到那一天，我们终将认识到，现在我们所知的，或者说我们认为自己所知的，与那更加宏大的整体相比，只不过是一点儿微不足道的碎片而已。"

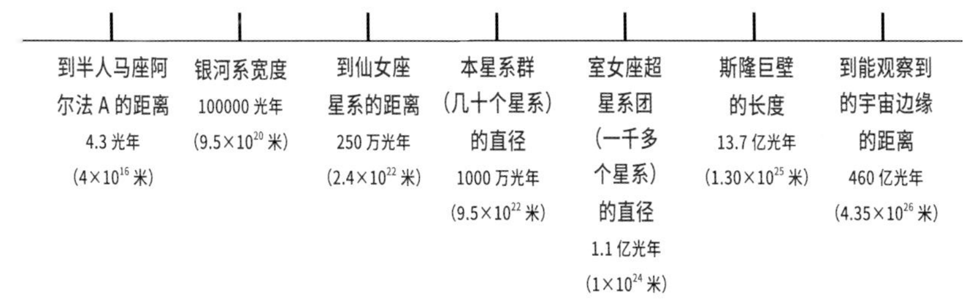

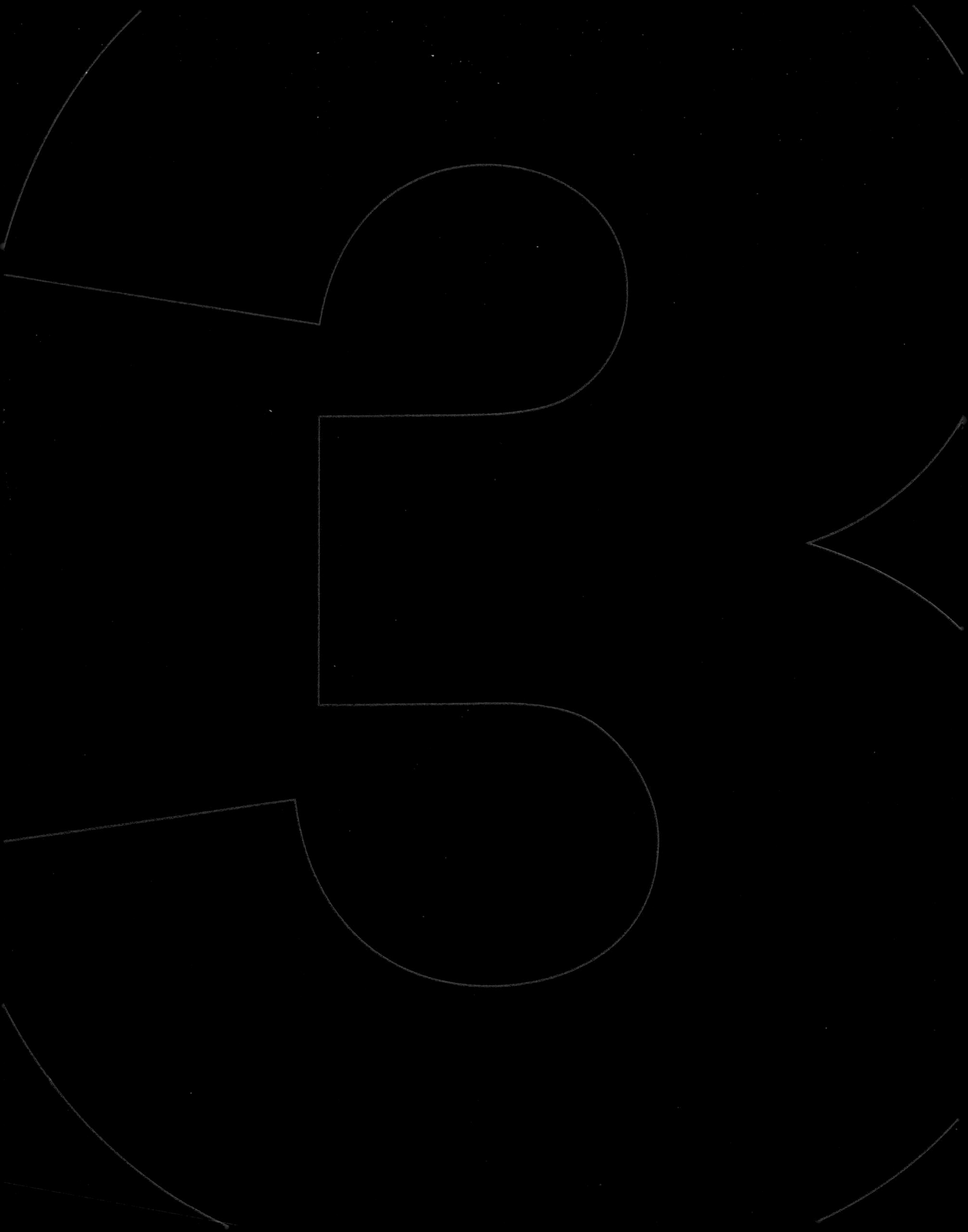

光 LIGHT

若要散发光芒，必得忍受燃烧。

——维克多·弗兰克，奥地利裔美国心理学家

如果你能看见无线广播塔上有音乐向外流淌，犹如夜空中闪亮的巨大灯泡，那会是怎样？如果打开电视机时有光芒从你眼前闪过——不是来自屏幕，而是来自遥控器前端，那会是怎样？或者微波炉靠光线加热食物，如同你儿时见过的老式玩具炉，又会是怎样？事实上，广播、手机、微波炉和遥控器都是以光为基础的，尽管它们利用的光我们看不见，但性质却与可见光别无二致。

我们时时刻刻都沐浴在宏大的光谱之中，哪怕在伸手不见五指的黑屋子里，也有光波涌动，因为活动的身体也会散发光波。

当然，幸运的是，人类能感觉到的光只是这个谱系中非常小的一部分——还不到百分之一的千分之一。我们的眼睛看见彩虹的边缘逐渐黯淡，仿佛融入了虚无。但电子设备能观察到远超红（可见光的一端）与紫（可见光的另一端）的世界。宇宙真真切切地比我们所能想象的还要奇怪得多，明亮得多。

那不过是光的源泉*

光——确切地说，以我们眼睛的生理结构能看见的光——是电

* 原文为“Such Stuff as Light Is Made On”，戏仿莎士比亚戏剧《暴风雨》中的台词“We are such stuff as dreams are made on”，直译为“我们不过是造梦的材料”。

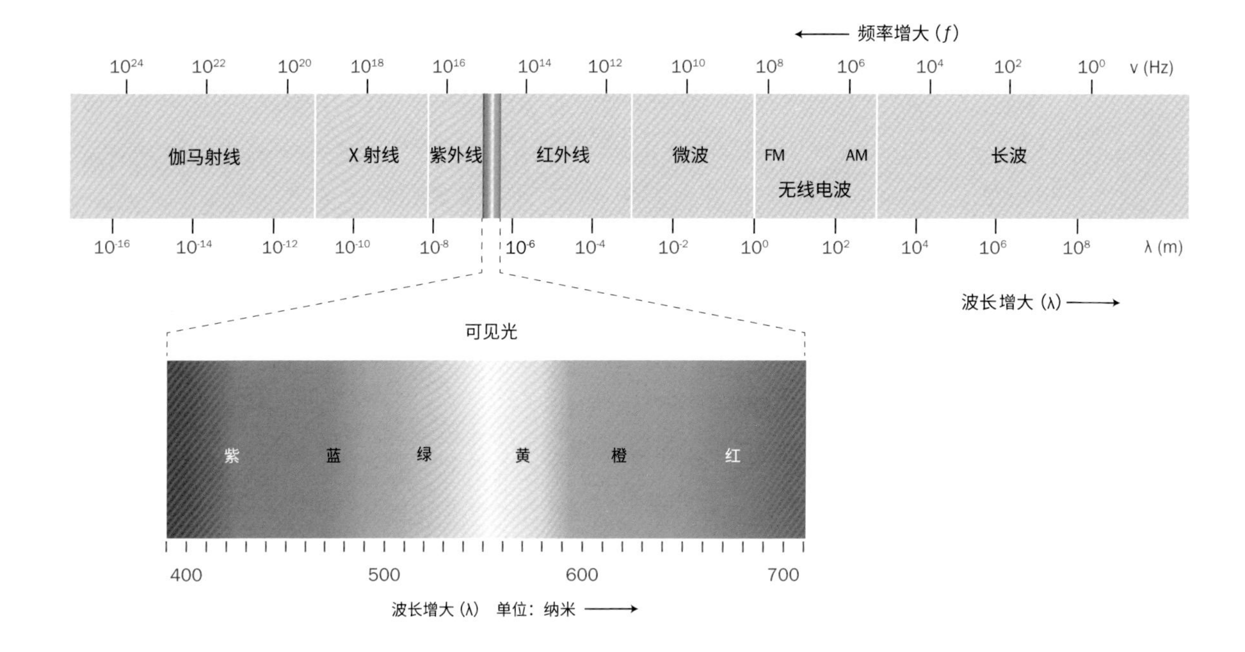

▲ 可见光光谱

磁辐射（EMR）现象的一部分，电磁辐射则是电和磁从某处向另一处辐射（或者说传递）的过程。

理解 EMR 需要探究一些技术知识，不过对光了解得越深入，你就越能感觉到它的奇妙。

电流从某地流向另一个地方时会产生磁场，比如在电线中流动，或是在你体内的神经系统中流动。所以，如果罗盘附近有电流经过，指针就会偏转；线路内的电脉冲可以影响喇叭里的磁铁，最终转换为你喜欢的旋律。控制了电流，就等于间接控制了那块磁铁，进而控制喇叭振动，转化为我们听到的声音。

反过来说，磁铁在线圈附近运动也会制造出电流。电和磁的密切联系让我们得以制造出马达，同时也是发电机诞生的基础。

所以，变化的电流会产生磁场，变化的磁场也会产生电流。若能设法让电磁场来回振动，奇妙的事情就发生了：振动的电磁场会产生波浪效应，变化的电场创造出磁场，又创造出下一轮电场，如此循环往复，永不止歇。

这种自我传播的“电磁”波就是我们所说的“光”，在真空中传播时，光不会减速，也不会消失。遥远的恒星是一团燃烧的等离子体，内部自由飘浮的电子激情舞蹈，散发出耀眼的光芒，跨越数万亿千米到达地球，被我们的眼睛与仪器捕获。

电磁辐射传播的不仅是光，还有能量，所以我们不但能看见太阳，还能感受到它的温暖。来自太阳的能量如此巨大，甚至可能晒伤我们的皮肤，哪怕是在阴天。正是基于同样的原理，我们才能借助轨道上的卫星或是山顶的基站收发看不见的信息。

发光

从技术上说，光源分为两种：热光和冷光。加热材料会产生热光，阳光来自太阳内部的核反应，而白炽灯泡里的电流经过细细的灯丝、将它加热到 2000℃以上，就发射出我们熟悉的灯光。

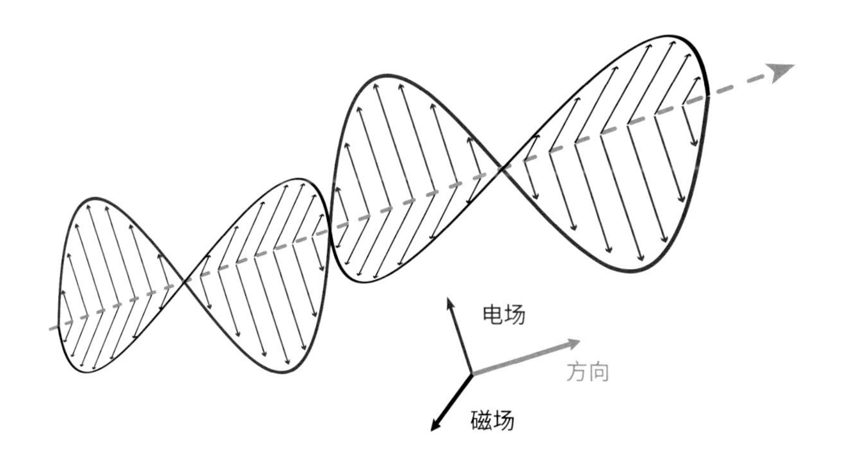

▲ 电磁辐射

从另一个方面来说，冷光没有热度。比如说，磷光物质印制的表盘会在房间明亮时吸收能量，然后在黑暗中发出幽幽的光。萤火虫肚子里的化学反应造成了生物发光。一些洗衣液里的荧光剂成分被人们称为“增白剂”，它能让白衣服变得更白，因为这种化学物质在太阳光下真的能释放出可见的冷光。

如果在黑暗的房间里嚼碎一颗薄荷硬糖，你会体验到摩擦发光，即通过撞击、摩擦、抓挠等方式发光。所有硬糖在破碎时都会发光，但薄荷糖里的冬青油（水杨酸甲酯）是荧光性的，它会把糖果破碎时产生的紫外光转换成轻松可见的蓝光。快速撕开邦迪创可贴的包装袋，或是从卷筒上撕下一条防滑胶带，你都能看见一线光芒。撕开思高胶带产生的X射线强烈到足以在牙科感光纸上留下图像。

在一些迪斯科舞厅和公园的游乐屋里，你会看得格外清楚。这些场所配备了黑光灯，这种特殊的灯泡会释放紫外线，让磷光物质发光；黑光灯下，很多东西发出幽幽的冷光，洗过的白色T恤和袜子、牙齿里的天然磷，还有其他荧光涂料，黑光灯的能量激发了它们，让它们释放出我们能看见的光芒。

如果在这种灯泡内部涂一层磷光材料，那么你会看到灯泡本身发出白光，这就是我们生活中最常见的一种荧光：日光灯。

热的白炽光和冷的荧光背后的机制完全相同：原子内部的电子吸收某种能量，然后以电磁辐射的方式将之释放出来。如果是热光，那么原子吸收的热量会让电子变得非常活跃，最终挣脱原子核的束缚，从一个原子飞向另一个原子，在这个过程中，它的能量以光的形式向外辐射；而若是冷光，电子同样吸收了能量，但它会停留在原子内部，迅速将多余的能量释放出来，同时跌落回到初始层级。在这两种情况下，要想让它们停止发光，唯一的办法就是不再为原子充能，关掉开关。

有多快，有多红

当然，光分为很多种：蓝光、红外光、紫外光……它们有什么区别？答案是波长。就像池塘里的涟漪、海里的波浪一样，光波携带着能量，它的能量来自电场和磁场永不止歇的振荡起伏。如果光波振动的速度很慢，我们就说它的波长长、频率低。换句话说，长

▼ 高频率，短波长，能量更大

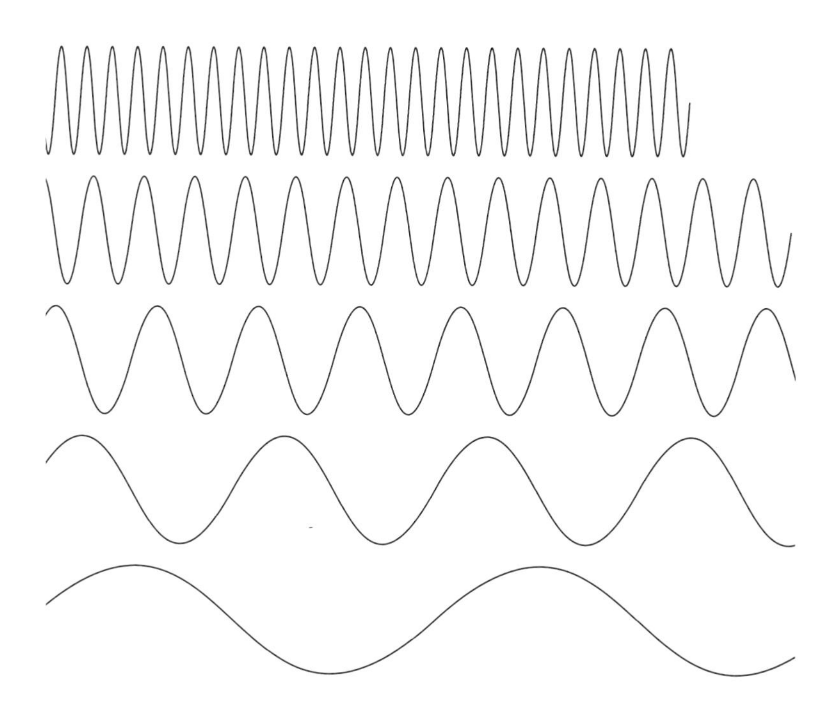

▲ 低频率，长波长，能量更小

波每次到达波峰所需的时间更多，所以它的频率更慢。

从另一方面来说，快的光波——电磁转换速度快，波峰到波谷时间短——波长短、频率高。

频率和波长密不可分，这是因为一个关键通用常数的限制：光速。真空中所有光——确切地说，是所有电磁辐射——的传播速度都是相同的。“真空”这个限制条件非常重要，因为光在气体、液体或透明固体中的传播速度的确会略慢一些。把棍子的一头放进清澈的小溪里，你会看到水下的棍子发生了“弯折”，因为光在水里的传播速度比在空气中更慢。

“来瞻仰这万物的辉光，让自然做你的师长。”

——威廉·华兹华斯，《同题夜景》（*An Evening Scene on the Same Subject*）

光在钻石中的传播速度比平常要慢40%左右。事实上，科学家通过一些极其精密的实验设计，让一束激光射入铷和氦组成的超冷原子云，成功将光的速度降到了接近静止的程度，虽然这个状态只维持了很短的时间。

不过在宇宙的真空中，光的传播速度大约是30万千米/秒，没有什么东西能比它更快。

所以，如果光以，呃，光速传播，那么每秒通过空间中给定点的光波数量（频率）总是和它的波长紧密相关。如果波长长，那么每秒通过的光波个数就少；如果波长短，那么每秒通过的光波个数就多。

请注意，因为光速快得不可思议，所以在讨论波长和频率的时候，我们必须面对一些非常大（和小）的数字。

红光——在人类肉眼观察下呈现出红色的光——的频率大约是420THz（太赫兹）。这意味着红光的电磁场大约每秒转换420万亿次。如果你的车轮旋转速度有这么快的话，一眨眼的时间你就能从太阳系的这头开到那头。

“烛光下见到的颜色，到白天就会变得不同。”

——伊丽莎白·巴雷特·勃朗宁，《女士的“是”》（*The Lady's 'Yes'*）

在这个频率下，单个的红光光波波长大约是700纳米（十亿分之一米），大致相当于血红细胞尺寸的1/10，甚至比一般的显微级细胞还要小。

如果波长逐渐缩短——也就是频率增大，每秒通过的光波个数增加——那么红光会变成黄光，然后依次变成绿光和蓝光，最后，当频率增大到红光的两倍左右时，它会变成紫色。继续增大频率，光谱会进入我们看不见的紫外光（UV）范围，然后是X射线和伽马射线。接下来我们马上就介绍这些坏孩子。

而在光谱的另一头，如果降低频率（把光波拉长），红光会变成不可见的红外线，然后是微波和无线电波。你最爱的FM电台发射的电磁波频率在88到107MHz（兆赫，或者说每秒一百万次

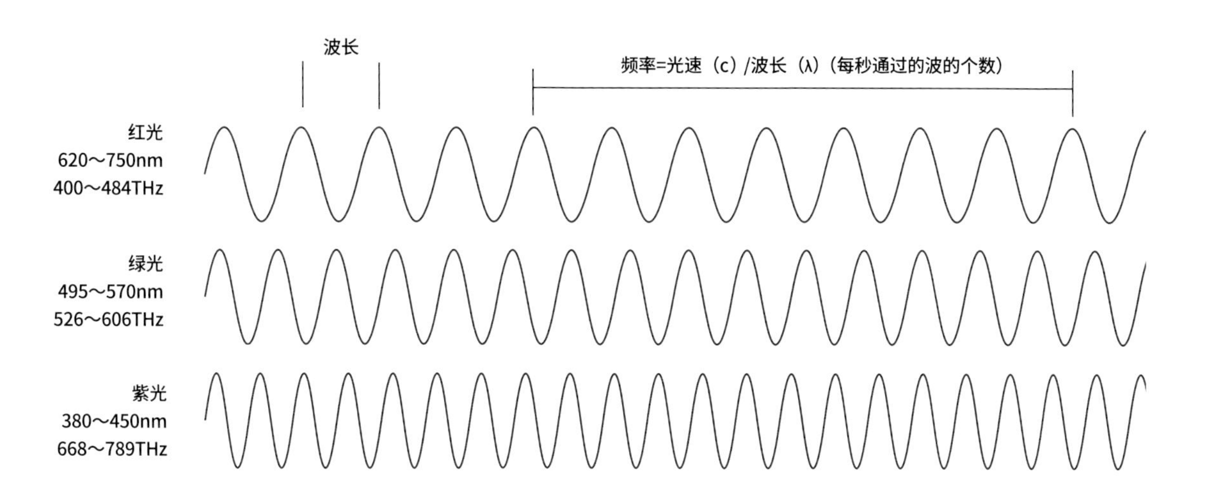

循环）之间。算一算你就会发现，这些携带着音乐的电磁波长约 3 米。这个长度可能超越你的想象，但是请记住，这些光波行进速度非常快——如果无线电信号能转弯的话，它们每秒钟可以绕地球七圈。

我们知道，宇宙中电磁波的长度没有极限。在地球上，由于天气变化或是太阳风与地球磁层之间无声的交互作用，地壳或海洋内部的电磁波会发生极其细微的变化，产生大地电流，它的频率可能慢到每秒几百次。这个频段的波被称为超低频波（ELF）。在它之下，还有我们脑子里错综复杂同时又极其缓慢的极低频波。脑部的所有信号都以电磁波的形式在电化学连接之间传递——我们每个人都是一个行走的发射器，不过幸运的是，我们发射的信号非常微弱。

频率进一步降低到每秒 1 次循环（1Hz）时，波长会拉长到 3 亿米——大约相当于地月距离的 4/5，我们可以在地球自身的运动中找

“有时候人们会说，科学家不懂浪漫，他们的寻根究底破坏了世界的美丽与神秘。但是……多了解一点儿并不会损害落日的浪漫。”

——卡尔·萨根

到这样长的电磁波。

一切皆是能量

“凝视即思考。”

——萨尔瓦多·达利

光携带能量，甚至可以说，光就是运动的能量。通过光传递的能量大小完全取决于光的频率或波长。频率越高，能量越大。换句话说，可见光蕴含的能量大于红外线和无线电波。但是，更多的能量带来的不一定是你期待的效果。

可见光照亮了我们，但却无法带来太多热量。大部分可见光被皮肤反射，或者以不产生热的方式被皮肤吸收。从另一方面来说，温暖我们的是红外线，它不能被人眼看见，传递的能量也更少，但它能渗透到更深的地方，而且能够快速被多种材料吸收，让它们变得暖和起来。

进一步降低频率，你就将得到微波，它能在数秒内融化黄油！启动微波炉，看不见的电磁辐射就会通过空气进入炉腔里的食物。这种光的频率是2.45GHz（千兆赫，或者说每秒10亿次循环）——比红外线低，但仍远远高于无线电波。该频段的光波效果相当有趣：微波会被特定种类的分子吸收，例如水、脂肪和糖；它让分子振动起来，互相碰撞，产生热量；但与此同时，它会从另一些分子中穿过，不产生任何效果，例如爆米花和土豆干燥的外表面，因此有人错误地宣称，微波是从内向外加热的。

如果你担心微波从炉子里逃逸出来，请放宽心：这个频率的电磁波波长约122毫米——比可见光的波长大得多。所以可见光会透过玻璃门上的小孔射出，让我们看到正在烹饪的食物，但与此同时，微波只会乖乖在炉腔内反射。

说到微波是一种电磁辐射，你可能会感觉紧张，因为“辐射”这个词。说到底，微波炉加热的是你要吃的东西。幸运的是，可见

	无线电波	微波	红外线	可见光	紫外线	X射线	伽马射线
频率	30kHz～300MHz	300MHz～3000GHz	3～400THz	400～790THz	790THz～30PHz	30PHz～3EHz	3EHz～3ZHz（或更高）
波长	1Mm～1m	1mm～1μm	750nm～100μm	750～400nm	400～10nm	10～100pm	<100pm
能量	128peV～1.25μeV	1.25μeV～12meV	12meV～3eV	1.6～3eV	1.6～3eV	120eV～12keV	12keV+

▲ 电磁辐射（EMR，或者说“光”）。请注意：各种电磁辐射之间并没有明显的界限，所以图中的数字只是一个约略值

光能级以下的电磁辐射是安全的，因为它是非电离辐射。电离辐射频率高、波长短（从紫外线到 X 射线再到伽马射线），它们携带的大量能量会将原子里的电子轰击出来，造成不稳定的化学态。这些活性原子被称为“自由基”，以强大的破坏效果而著称。

炎热的天气里，红外线让你大汗淋漓，但晒伤你的却是紫外线。旧的冰箱和空调会释放出看似无害的氯氟化碳，来自太阳的紫外线具有电离效果，它会在大气层上层轰击氯氟化碳，使电子脱离出去。被激发的分子会极大地破坏地球的臭氧层。

当然，从传统上说，臭氧层帮助我们隔绝了大部分有害的紫外线。但是不可避免地，仍有部分高能紫外线会穿透大气层，狠狠轰击我们的皮肤，破坏身体里至关重要的基础单位。如果 DNA 里的原子被激发，那么它可能产生变异，或者生成癌细胞；紫外线造成的破坏可能严重到身体的防御机制无法修复的地步。

你可以躲到室内，但依然不能完全逃脱。玻璃会反射、吸收或散射大约 37% 的低能紫外线（简称 UVA）——效果约等于防晒霜，但长途驾车时你仍然会被晒伤。小剂量的高能（频率更高）紫外线（UVB）对我们有好处——它们会促使身体制造重要的维生素 D，但过量暴露在 UVB 中仍是黑色素瘤生成的重要原因。

“一盏 60 瓦的家用钨丝灯泡耗电超过 9 瓦节能灯的 6 倍，但它们发出的光却大致相同……这是因为钨丝灯泡的大部分电能转换成了我们看不见的红外线，而节能灯射出的光大部分落在眼睛最敏感的频段内。”

——英国国家物理实验室

“光不仅是寻找启示的工具，它本身就是启示。”

——詹姆斯·特瑞尔，艺术家

科学家用电子伏（eV）来衡量光携带的能量。比如说，可见光的能量只有 1 ～ 2eV。如果能量增大到 3 ～ 4eV，光就会造成电离效应。光波加速到 30PHz（皮赫，或者说每秒 3×10^{16} 次循环）时，它携带的能量就已高达数百电子伏。这种光的性质非常特殊，首次发现它的研究者将之命名为“X”射线。波长极短、能量极高的 X 射线能从柔软材料的分子之间穿过，例如我们的皮肤和器官，直到遇到金属或骨骼之类的高密度材料时，它才会停下来。

当然，X 射线会在身后留下一条毁灭之路，但偶尔几次接受短时间的 X 射线照射不会带来太大风险，一般情况下，你的身体会修复这些微小的损伤。我们在生活中遇到的大部分 X 射线都是天然的：泥土中极少量的放射性岩石、太阳光的辐射，诸如此类。再次感谢上层大气层，它替我们挡住了绝大部分 X 射线。

“每个人都以为自己视野的极限即是世界的极限。”

——亚瑟·叔本华

不过，光携带的能量越多就越危险。能量增大到数万电子伏时，光的波长降低到了皮米级——百万兆分之一米，比原子还小，这便是伽马射线的频段。

伽马射线只不过是光的另一种形式，但它的电磁频率达到了艾赫级（EHz），是某些 X 射线的 1000 倍以上，是可见光的数百万倍。医生可以利用放射性材料释放的伽马射线照射我们的身体，生成非常详细的组织或骨骼内部图像，或者用伽马射线集中照射癌细胞区域以摧毁它们。海关官员也会用伽马射线照射集装箱，“穿过”18 厘米厚的钢壁，检查偷渡者和走私品。

和 X 射线一样，我们周围也充满了微量的天然伽马射线。政府官员用伽马射线探测器寻找核材料时经常受到各种食物的干扰。比如说，香蕉和巴西坚果释放的伽马射线高于一般的天然放射性材料，所以经常造成误报。从这个角度来说，它们为“高能量”水果和坚果赋予了新的含义。

当然，尽管这些普遍存在的伽马射线已经相当强大，但是与电磁谱系远端的相比，又显得微不足道了。就在地球上，雷暴中雷云顶端的伽马射线携带的能量就高达2000万电子伏。若是跳出地球的范围，宇宙中最强大的能量现象是黑洞和超新星，它们释放的伽马射线频率可达10^{27}Hz，携带的能量超过5万亿电子伏。

这些数字看似很大，但我们不妨仔细思考一下。从桌子上拿起一个苹果需要消耗1焦耳的能量，1焦耳大约等于6艾电子伏——6×10^{18}eV。换句话说，光的能量很强——但它影响的尺度很小。光可以撕裂亚原子粒子那无穷小的世界，却很难撼动我们日常接触的这个“宏观”世界。

即便如此，有了足够的光，你也可以完成看似不可能的任务。2010年，日本发射了IKAROS（依靠太阳辐射加速的行星际风筝）飞船。这艘超轻量级无人飞船装备着宽达14米的超薄太阳帆，借助光波的轻柔压力，它慢慢地、有条不紊地获得了足以挣脱地球引力的动能，就像龟兔赛跑里的那只龟一样。目前，看似科幻的IKAROS已经靠着光的力量飞越了金星，很多人认为，未来太阳帆有望帮助我们实现行星际旅行。

太阳就像一个4×10^{26}瓦的灯泡。它的亮度高于一般的恒星，但宇宙中有的恒星比这还要亮得多。参宿二（猎户座腰带正中间的那颗恒星）距离我们1300光年，亮度是太阳的40万倍。大麦哲伦星云里有一颗名叫R136a1的恒星，它的亮度大致相当于900万个太阳。当然，爆炸的恒星（超新星）还要更亮一些。有记录以来最亮的超新星，其亮度峰值大约等于1000亿个太阳。

“起初，空无一物。上帝说，‘要有光！’于是就有了光。虽然周围仍是一片虚无，但你的视野变得清晰多了。”

——艾伦·德詹尼斯，主持人、演员

离散不连续的谱系

到目前为止，我们在讨论中一直把光当作简单的“波能量”，但实际情况要比这古怪得多。

你或许会认为，光能量降低的过程是平滑连续的，就像调低音量，你会听到声音越来越小，最后归于寂静。但光的机制却不是这样。我们发现，光只在特定的能级上存在——就像音量旋钮上只有3、2、1、0的刻度，中间没有过渡。

对于这个现象，唯一合理的解释是，光本质上是由粒子构成的。单个光粒子被称为光子，它就像一个装着一定能量的小包裹。

光的强度与光子数量有关，但光子携带的能量就完全是另一回事了。不妨把光子想象成一颗乒乓球。如果球撞上你时运动速度很慢，那你几乎感觉不到它的存在。接下来，我们增加光的强度，同时向你投掷100颗速度很慢的乒乓球，你受到的压力显然会变大，但由于每个球携带的能量都很小，所以也只是有点儿烦人而已。现在，我们把一颗乒乓球塞进炮筒，然后向你开炮。哎哟，真疼。

所有光子以相同的速度（光速）运动，但它们携带着不同的能量——表现为我们此前描述的频率或波长。所以，低频光子携带的能量小，但高频光子可能十分强大。

不幸的是，这套理论有个问题：证明光的波属性要比证明它的粒子属性容易一些。光从一种介质传入另一种介质时会发生折射（弯曲）；光可以产生衍射（就像池塘里的涟漪遇到插入水面的棍子）……这都是波的特性，而非粒子，粒子总是沿直线行进。但若是在一张硬纸板上划两条细缝，将一束光打过去，利用非常精密的测量手段，你会发现每个光子只会通过其中一条缝，所以毫无疑问，光也会表现出粒子的属性。

这个矛盾的现象叫作光的波粒二象性，你可以把它置之脑后，当成大自然的另一个古怪悖论，就像老牌节目《周六夜现场》里的那个笑话一样："它既是地板蜡，又是甜品上的奶油。"但事实上，这是当代科学领域最伟大也最令人困扰的谜团，它让人不禁自问：我们以为自己所知的一切，真是可靠的吗？我们总是倾向于认为事物是确定的：它要么在这里，要么不在；要么是物质，要么是能量。然而事实上，很可能任何事物都具有两面性：它既在这里，又不在这里；既是物质，又是能量。如果你并不感到困惑，那说明你没有真正理解这个问题。

幸运的是，尽管科学家和哲学家仍在为"真实"的本质争论不

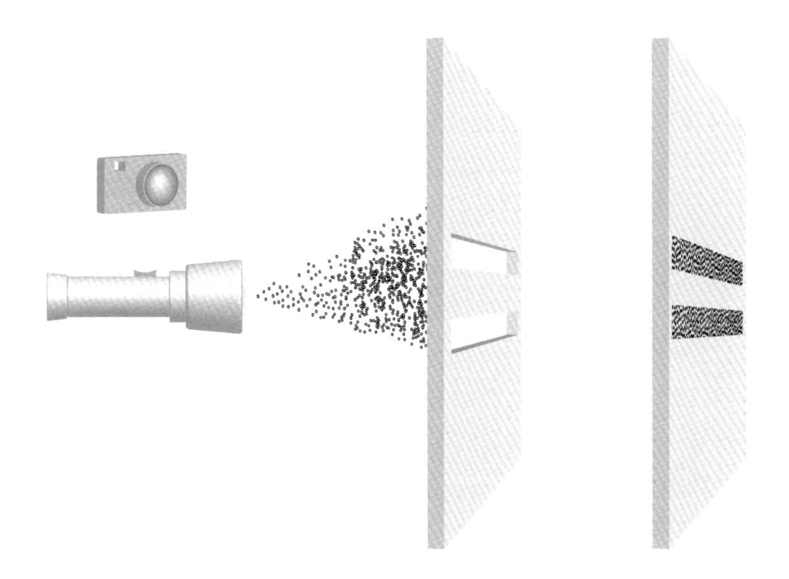

▲ 在一张硬纸板上划两条细缝，并向它发射一颗光子，观察光子会穿过哪条细缝。这个实验证明了光的粒子属性，因为它只会穿过两条细缝中的一条

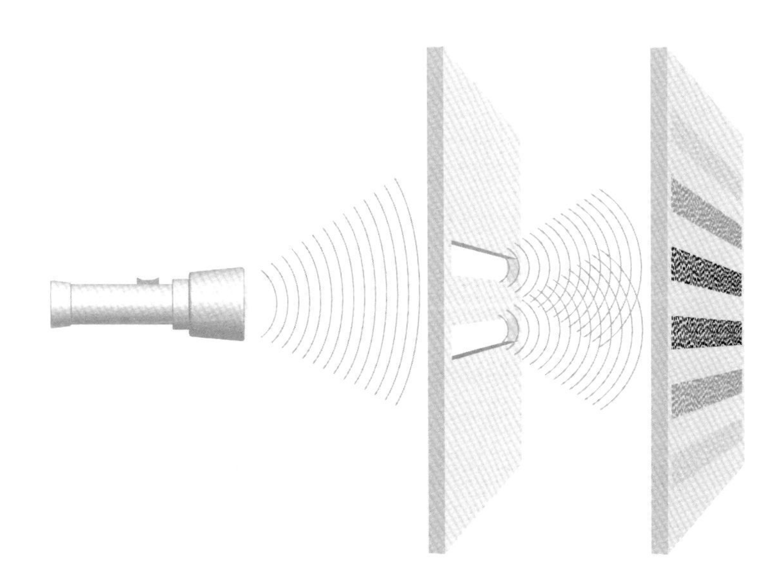

▲ 如果你没有观察，或者同时发射许多光子，那么光会表现出波的特性，发生衍射并产生干涉图形

休，但我们依然可以看见、测量乃至利用光，而不必完全理解它。

眼中所见

> “故常无欲以观其妙，常有欲以观其徼。此两者同出而异名，同谓之玄。玄之又玄，众妙之门。”
>
> ——老子，《道德经》

人类对世界的理解绝大部分依赖于光，无论是身边事物的反射，还是遥远恒星的闪烁。我们得到的信息一部分来自眼中所见，而另一部分——可能更重要的部分——来自能够探测不可见光的感光设备。

当然，颜色实际上并不是宇宙中客观存在的东西。我们之所以会看见颜色，完全是因为人类的眼睛能分辨特定波长的光，所以脑子需要赋予这些光某种视觉上的意义。

如前所述，人类肉眼只能看到极小波长范围内的电磁辐射，大致从 380 纳米（我们眼中的紫色）到 750 纳米（红色）。在乐谱中，跨越一个八度就相当于声波频率增大一倍；算一算你就会发现，可见光的范围仅仅相当于一个八度。相比之下，我们的耳朵能分辨出 10 个八度范围的声音，而 AM 无线电波与伽马射线之间相差 45 个八度。

无论如何，我们之所以能看见这一小段可见光，是因为眼球后壁组织内发育出的四种特殊神经细胞，其中包括三种视锥细胞和一种视杆细胞——分别得名于它们在显微镜下呈现的大致形状。四种细胞都对光敏感——也就是说，它们可以吸收电磁能量，并将之转化为信号传向脑部——但每种细胞探测的波长各不相同。

三种视锥细胞对红色、绿色和蓝色频段的光最为敏感，不过它们也能探测到其他频段的可见光。比如说，“绿色”视锥细胞也能感受蓝光、黄光和红光，但它对青柠色的光最敏感。光进入眼睛，视锥细胞迅速做出反应，向脑部发送信号，随后大脑对收到的信号进行综合处理——首先找到物体的边缘（颜色反差极大的区域），然后用颜色细节填充其余部分，于是我们终于知道自己看到了什么。

视杆细胞比视锥细胞敏感得多，但它们在光线昏暗的时候才能发挥出最大的威力。哪怕进入眼睛的光子只有一个，视杆细胞也会做出反应，所以它决定着我们的夜视能力，而且擅长感知速度极快、幅度极小的运动。与此同时，视杆细胞的“唤醒”速度要比视锥细胞慢得多。比如说，当你走进一间黑屋子里，例如电影院，你的眼睛要花几分钟时间才能适应：视锥细胞得不到足够的光线，因此无法正常运作；而视杆细胞需要时间来激活。五分钟后，视杆细胞开始高效工作，但你几乎无法分辨出任何颜色——只有亮和暗的区别。

金鱼是唯一能同时看到红外线和紫外线的动物。

更能说明问题的是视锥细胞和视杆细胞在视网膜上的分布：你的眼睛里大约有 600 万个视锥细胞密集分布在视网膜中部，也就是瞳孔和晶状体正后方；围绕在视锥细胞周围的视杆细胞多达 1 亿个，就像靶子周围的环一样。所以仰望夜空时，你眼角的余光或许会瞟到一颗闪烁的星星，可是当你定睛去看时，它却消失了。这是因为极其微弱的星光击中“靶子”边缘，激活了视杆细胞，但是当你调集敏感度较低的视锥细胞去看的时候，它的亮度又太低，不足以被眼睛捕捉到。与之相反的是，在充足的光线下，要是你想分辨颜色或是看清事物的细节（比如阅读这几个字），那就得直视物体，让图像投射到视锥细胞的范围内。

“光是画的灵魂。”

——爱德华 · 马奈

当然，万事总有例外。有人缺少一种视锥细胞，导致了色盲现象。他们仍能看到颜色，但传向脑部的信号只有两种，而非三种。与之相反，有人——主要是女性——拥有变异产生的第四种视锥细胞。我们大部分人都是三色视者，而他们是四色视者。他们能看到更多颜色——或者更准确地说，他们对颜色的分辨力更强，尤其是红色到黄色区域。拥有四色视觉的母亲或许对孩子肤色的变化更加

> “法国哲学家奥古斯特·孔德曾经宣称，人类永远不可能弄清星星的化学构成。然而，他的话音未落，天文学家就开始利用分光仪来观测星光；到了现在，比起柜子里的药品来，我们对恒星化学构成的了解还要更多一些，包括那些遥远的星云。”
>
> ——爱德华·卡斯纳，詹姆斯·纽曼，《数学与想象》

敏感，她甚至可能注意到孩子发烧时辐射出的微弱红外线，而我们大部分人都对此一无所觉。

我们仍不清楚四色视者眼中的彩虹由几种色带组成。1672 年，艾萨克·牛顿首次利用棱镜把白光折射成一道彩虹，他提出彩虹由五种颜色组成，和我们大部分人的观察结果一致：红、黄、绿、蓝、紫。不过后来，为了让色谱与西式乐谱的七个音阶一一对应，他又武断地设法在中间插入了两种颜色：橙色和青色。小学生也能朗朗上口的七种颜色就此诞生：红橙黄绿青蓝紫。

今天，几乎谁也不会认为青色是完全独立于蓝色或紫色的另一种颜色。这并不意味着现在的我们看不见青色，而是说大部分人并不认为它与相近的颜色有明显区别。

奇怪的是，我们还能认出彩虹谱系以外的其他颜色，其中最值得一提的是洋红——你可以在众多紫红色的花朵中找到这种亮丽的粉色，它也广泛存在于世界上几乎所有的彩色打印机里。把红光和蓝光混在一起，你可以轻松地在电脑屏幕上调出洋红色。我们的眼睛会捕捉红色和蓝色的波长，大脑再将它们混合起来，最终得到的结果介于红色和蓝色之间，然而在光谱上，这里应该是绿色！我们可以斩钉截铁地说自己看到的绝不是绿色，所以，在这算不清的时刻，大脑为我们创造出了一种颜色：洋红。

光的信息

光不仅是运动的能量，也是运动的信息。从最简单的应用说起，有人可能在山顶点燃一堆篝火，警告 50 英里外的部落，危险正在逼近——光传播信息的速度比信使或是声音快得多。如果这个部落拥有一件特别巧妙的小玩意儿，例如望远镜或是棱镜，那么他们或许还能看清对面山顶上的伙伴烧的是什么东西。这缘于一种奇怪（但非常有用）的现象：不同的元素在受热时会发出特定波长的光。钠燃烧发出的光频率模式与碳或氢截然不同。

知道了这一点，我们就可以将望远镜转向太阳和恒星，仔细分析捕获的光，从中找到新的信息：太阳的成分是什么，黑洞藏在哪里，随着引力对现实的扭曲，光如何顺着翘曲的时空传递。我们揭开光的面纱、梳理它隐藏的秘密，这门学科叫作光谱学。

“真正重要的是眼睛看不见的东西。”

——安托万·德·圣·埃克絮佩里，《小王子》（*The Little Prince*）

当然，太阳和恒星（以及宇宙中的所有东西）展现的不只是可见光。无线电波和微波在太空中无处不在，帮助我们绘制出太阳系及各星座的地图。X 射线和伽马射线是探测宇宙中某些大质量核的唯一手段，例如脉冲星和类星体。仪器所及之处，我们不断搜集信息，寻求解释，探求意义。

既然我们能够解读自然光谱，那么同样也能将信息编码，利用人造光来传递。这种手段叫作调制：挑选某个已知波长，在某段时间内对它进行调整。

比如说，你打开收音机，把旋钮拧到 AM 电台 700 的刻度上——这表示 700 千赫，或者说，以每秒 70 万次循环来回振荡的电磁波。AM 是“调幅”的缩写，意味着它的广播信号——音乐或者喋喋不休的体育解说员——是通过增加或降低电磁波振幅（或者说强度）的方式进行编码的；调制信号时，振幅的变化十分微妙且迅速。如前所述，光的强度（振幅）基于它传递的光子个数。你的收音机接收到这些微妙的变化，然后把它们转换为（你希望是）美妙的声音。

然后将旋钮调到 FM103.7，你的收音机开始接收 103.7MHz 的光波，或者说每秒 103700000 次循环。现在你体验到的是另一种信号——“调频”，这种调制方式改变的是波的频率，但强度保持不变（更准确地说，是将一种频率不断变化的波和另一种稳定的波混合起来，形成非常复杂的光波，然后完成传递、接收和再分离）。

海军通信频道
采用的极低频（ELF）
3Hz～3MHz

电线
50～60 Hz

AM收音机
520～1620 kHz
(1.62 MHz)

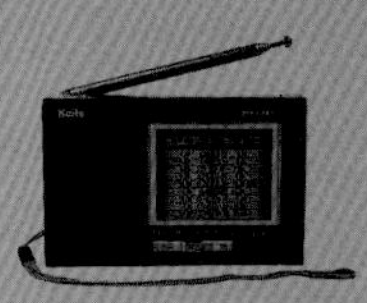

短波收音机
5.9～26.1 MHz

车库遥控钥匙
40 MHz

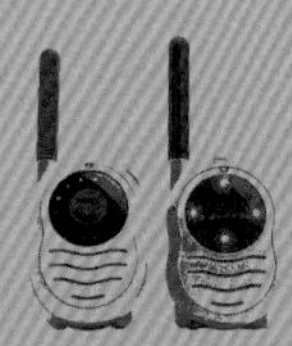

婴儿监控器
49 MHz

遥控飞机
72 MHz

电视塔
54～88 及
174～220 MHz

FM收音机
88～108 MHz

野生动物跟踪项圈
220 MHz

手机
824～849 MHz

无绳电话
900 MHz

全球定位系统 (GPS)
1.2～1.6 GHz

微波炉
2.45 GHz

近程（“X波段”）探测雷达
8～12 GHz

红光
400～484 THz
(620～750 nm)

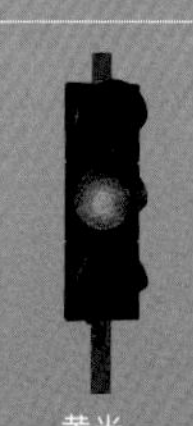

黄光
508～526 THz
(570～590 nm)

绿光
526～606 THz
(495～570 nm)

蓝光
606～668 THz
(450～495 nm)

紫光
668～789 THz
(380～450 nm)

▲ 光能的例子

沐浴在光里

无线电广播、卫星电视、手机通信、GPS信号、警灯和火警、无线计算机网络、遥控玩具、机场雷达、车库遥控钥匙——我们时时刻刻都在被各种波长、各种能级、各种频率的光轰炸。更奇怪的是，这类人造辐射大部分会从我们的身体中穿过，甚至能穿过建筑的墙壁，却不会对我们造成任何影响，也不会减速。这是为什么？

光——请记住，光由光子构成，这些携带能量的小包裹同时表现出波和粒子的特性——在宇宙中非常独特，它既是无穷小，又是无穷大，这样的尺寸范围很好地解释了它的通过性。AM电台发射的每一个光波都比橄榄球场还长，与之相比，组成墙壁的分子微小而稀疏，几乎不会对它造成影响。但是，如果在墙壁上衬一层厚金属——这种材料内部的原子排列十分紧密——那么此类长波就无法穿透了。

你看，光波与物质（例如原子或分子）相遇时，可能发生的情况有三种：穿透、被吸收、折射。而到底会发生哪种情况，取决于光的波长及该材料的类型、尺寸、密度与结构。X射线波长很短，所以它可以穿透我们的皮肤，就像自行车在树木稀疏的森林中呼啸而过，偶尔也可能撞到一根树枝，造成小小的损伤，不过大体来说，它不会停下来，直到遇上厚重的荆棘，例如你骨头里的分子。在这种情况下，光很可能要么发生折射（来个急转弯），要么被吸收（就像撞车）。

如前所述，微波的波长比X射线长得多——它小得足以被食物分子吸收，同时也大得无法钻出炉腔、进入你的厨房。

从另一方面来说，可见光的光波尺寸正好能被我们周围的大部分物品吸收或反射。正如科学家常说的，这是一种演化优势：如果我们的眼睛能看到的是无线电波而非可见光，那么我们就会经常撞上周围的“隐形”物体；幸亏事实并非如此，所以成熟的香蕉会吸收“蓝色”波长，反射“红光”和“绿光”，落到我们眼睛里，它就是黄色的。

石头看起来十分结实，同样是因为它们会反射和吸收各种频率的光。但是，如果把石头磨成沙子，再把沙子熔化制成玻璃，那就彻底改变了它的分子结构，这样一来，可见光基本可以毫无阻碍地穿透它。不过，这些分子虽然允许可见光穿过，但却会吸收波长略短的紫外光。所以光波的尺寸固然重要，但材料的成分更加关键。

现在你明白了……

在我们的日常生活中，光无处不在——无论是我们看到的颜色还是感受到的热量——所以你很容易忘记它在宇宙中是多么基础的东西，而我们对它的了解又是多么贫乏。说到底，电磁学研究的不仅仅是磁铁、发电机和光波。电磁力被视作自然界的四种基本力之一，其他三种分别是引力、强相互作用和弱相互作用。正是这些最基本的物理力将我们的宇宙凝聚起来，它们是万事万物最底层、最简洁的描述方式。

电磁力把原子凝聚成分子，驱动它们跨越漫长（对原子来说）的距离，形成（我们眼里的）固态物体。要是没有这些微妙的力，你的椅子、地板，甚至包括你自己和地球都会分崩离析，灰飞烟灭。电磁力的核心是微不足道的光子——奠定量子力学基础的爱因斯坦称之为量子。作为电磁力的力载子，光子的的确确是宇宙存在的根基。

光是振荡的电磁波，也是行进的光子，它就像宇宙的生命线，将能量从一个原子送往另一个原子；或是耗费数十亿年跨越漫长的空间，将能量从一个星系送往另一个星系。虽然从我们的角度来看，恒星（或原子）之间的真空中似乎没有任何介质可以维持、传递这些波，但是，请不要忽略：空间本身就是介质。我们就是介质。与此同时，我们也是接收者。

声 SOUND

把音量调到 11 级。(These go to eleven.*)

——奈基 · 塔夫诺,《摇滚万万岁》(*This Is Spinal Tap*)

声音是一种运动。确切地说，声音是分子在介质中的运动，我们的听觉实际上是触觉的延伸——耳朵就像手指，可以伸出去触摸周围空气中奔涌的涟漪。能听到声音，就像能看到光一样，是人类演化道路上重要而精妙的能力之一；有了听觉，我们的感知范围得到拓展，这有利于寻找食物、发现危险、实现交流。

“我不太在乎音乐，我真正爱的是声音。”

——迪齐 · 吉莱斯皮，爵士音乐家

站在大声播放音乐的喇叭旁，你常常能感觉到声音对皮肤的压力——贝斯的低音犹如滚雷，而高亢的调子仿佛针刺。实际上你感受到的是分子运动、碰撞形成的气压波。我们的耳朵对压力的这类变化非常敏感，哪怕空气分子运动的距离只有分子直径的十分之一——大约相当于你能看见的最细微灰尘的百万分之一——我们都能探测到那微妙的变化。

分子因能量而运动。某处某物以某种方式释放能量——弦动、狗吠、芦苇摇摆，这都是物理性的、运动的能量；物体运动，然后运动以波的形式向外传递。一个分子推动另一个，但分子通常不用走太远就会影响到另一个分子，就像演出结束后人们挤挤挨挨地离开剧院。

* 出自 1984 年美国 Spinal Tap Prod. 公司出品的影片《摇滚万万岁》中的经典对白。影片中，摇滚乐队 Spinal Tap 的吉他手的吉他十分特别，别人的吉他音量都是 10 级最大，它的音量可以达到 11 级，比别人高出 1 级。他骄傲地说：“these go to eleven.”

所以，分子一个个依次推动自己的邻居，每个分子都只动了一点点，但能量就通过这样的运动完成传播、行进和发射，就像信息从一个人传向另一个人。每经过一次传递，信息就会减弱一点儿，但若是有足够的推力和能量，它可以跨越遥远的距离——或许足以抵达你的耳朵。

介质即信息

当然，没有介质就没有声音。伟大的古希腊思想者亚里士多德是柏拉图的学生、亚历山大大帝的老师，他首次指出，我们听到的声音是以空气为介质传播的。想要一间绝对隔音的办公室或者公寓？不妨把自己关在绝对的真空中，因为空无一物（真真正正的空无一物，没有可供挤压的分子）就意味着没有声音。

电影《异形》里有一句名言："太空中谁也听不到你的尖叫。"这句话说得很有道理。在某些电影里有这样的场景：一艘宇宙飞船

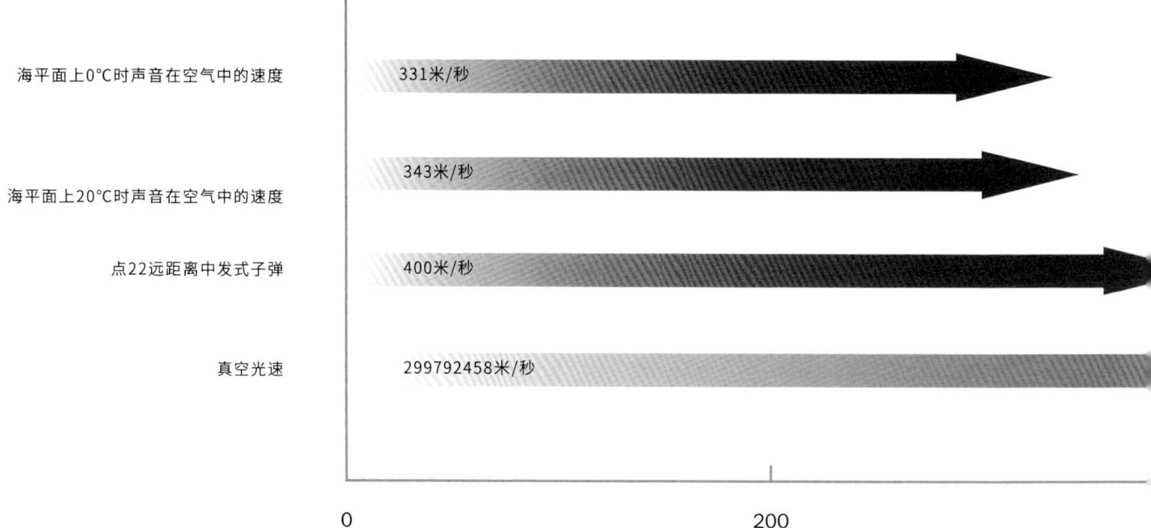

上的乘客能听到附近另一艘飞船上的声音，但这其实是不可能的。如果没有介质——某种固体、气体或液体，可以把能量波从某处传向另一处——信息就无法传递。

这一点和电磁能量完全不同。电磁波——无论是X射线、无线电波还是光谱上被称为可见光的那一小段——不需要依靠分子，它可以在空间中一直传播，轻松跨越我们与最近恒星比邻星之间40万亿千米的虚空。但是，无论多响的声音最多也只能传到大气层边缘。

当然，声音并不是只存在于地球的大气层内。我们沐浴在太阳的辐射中，但很少有人会想到，这个巨大的气球发出的噪声该是多么可怕。你以为雨夜里炉火的噼啪声已经很响亮？那么请想象一下，太阳由氢、氦、氧和气态金属组成，气体和等离子体在16000000℃的高温下搅拌、燃烧、爆炸，将无穷无尽的激波辐射向四面八方。声音的能量从燃烧的火球表面喷薄而出，然而到了太阳的大气层边缘，气体越来越稀薄，趋近于无，声音也随之消失。寂静笼罩在这颗仁慈的恒星与我们的地球之间。

600 800 1000

当然，如果靠近到足以听见太阳燃烧的声音，那你早就变成了一团蒸汽。不过，既然你能从窗户的振动中“看到”声音，科学家也同样可以利用太阳和太阳圈探测卫星（SOHO）完成精确的多普勒测量，从而看到 1.5 亿千米外的太阳发出的声音。太阳表面会以一种复杂的模式共振。尽管这样的振动频率太低，人耳无法听见，但我们可以对它进行加速——把 40 天的声音压缩成短短几秒，最后得到的结果类似某种奇怪的铃声，或者佛教中缓缓敲击的大钟，永不止歇地向着宇宙深处长鸣。

声音在水中的传播速度随温度而变化，所以科学家可以利用水中听音器（水下的麦克风）测量特定区域的声速，借此判断水温。

声音的速度

声音依赖原子的碰撞来传递能量波，所以它需要一定的时间才能从某地传到另一个地方。声音的运动速度很快，但比起光来还差得远——事实上，它的速度还不如强力步枪射出的子弹。

测量声速相对比较容易：让两个人站在间隔 1 英里（1600 米）的地方，将比赛发令枪和空包弹交给其中一个人，然后把望远镜和秒表交给另一个人。发令枪一开火（观察硝烟），计时者就启动秒表，听到枪声时再按停秒表。我们会直觉地认为声音的速度快得让你来不及按表，但事实上，在听到枪声之前，你差不多可以数五秒钟。

这个小实验解释了我们在雷暴时常玩的一个游戏：一看到闪电你就开始读秒，直到听见雷声才停下来。将你读出来的秒数除以 5，就能得出闪电是在多少英里外发生的（有人会由此错误地认为声速是每秒 1 英里，但这不对）。或者除以 3，得到的就是以千米为单位的距离。

通过仔细的测量，你会发现声音在空气中的传播速度大约是 343 米 / 秒，即 20580 米 / 分钟，或者 1234 千米 / 小时。

请注意，我们使用了“大约”这个词。温度之类的因素会大幅影响声速。天气极冷的时候，声速可能下降到 330 米 / 秒，而在炎热的天气里，它又可能上升到 350 米 / 秒。这是因为分子在空气中运动的速率不同。空气在太阳的照射下升温，分子运动速度加快，碰撞发生得更加频繁，于是信号（例如声波能量）就传得更快。

这里我们需要澄清一点：每个分子本身不会运动得太远。房间里的书掉到地上，受影响的分子并不会从书本附近一直跑到你的耳朵里，那是风，不是声音。不过，就像一堆台球在球桌上互相碰撞，声音携带的能量会层层接力，传到你的耳畔。

空气的成分也会影响声速。比如说，声音在氦气里传播的速度更快，因为氦气分子要轻得多，正是由于这个原因，聚会时人们常玩的一个游戏就是吸一大口氦气再说话，你的音调不会变，但它在氦气中传得更快，所以听起来有加速的效果，像唐老鸭一样。如果你运气不错，手边恰好有氙气，那么这种比空气更重的气体会带来相反的效果，它会减缓声速，让你听起来像个“说话慢吞吞的牛仔”。

声音也能在液体和固体中传播，而且传播的速度与气体中的声速差别很大。声速的巨大变化部分取决于介质的弹性和密度。淡水分子都被包裹在略有些黏稠的液体里，所以这种介质中的声速差不多是空气中的声速的 4 倍：达到了 1482 米 / 秒。而在海水里，声速还会略有上升，具体取决于温度、深度和含盐度。

固体内部的分子关系更加紧密，而且它们几乎不可能单独运动而不影响邻近的分子，所以能量会传得更快。铅这类相对柔软、有弹性的材料传递声音的速度大约是 2000 米 / 秒出头一点儿，但是在钢铁中，声速可达 5960 米 / 秒（即 21450 千米 / 小时）。所以你可以把耳朵贴到铁轨上，听听是否有火车正在驶来，因为声音在金属中的传播速度约为在空气中的 17 倍。假如铁轨是用某种

二氧化碳	259
空气，0°C	331
氮气	334
空气，20°C	343
软木	500
氦气	965
乙醇	1207
蒸馏水	1497
海水	1531
软组织	1540
橡胶	1600
铅	2160
金	3240
砖头	3650
大理石	3810
橡木	3850
枫木	4110
铜	4760
派热克斯玻璃	5640
不锈钢	5790
花岗岩	5950
铝	6420
铍	12890

▲ 不同材料内部的声速（米 / 秒）

“无论何地，我们听到的大部分声音都是噪声。努力试图忽略噪声的时候，我们会觉得它很烦人；可是当你凝神聆听，就会发现它的迷人之处。”

——约翰·凯奇，作曲家

非常硬的材料（例如铍或钻石）制成的，那么它内部的声速可达空气中的40倍。

奇怪的是，声音在两种介质之间的传播并不理想。在这个方面，声波的表现和光波很像。光从一种介质（例如空气）进入另一种介质（比如说水）时会发生反射和折射，与此类似，声波在两种介质的交界处也会发生弯折和反射。所以，用锤头敲击金属长杆一头发出的响声或许能够完美地在金属内部传播，却几乎无法传递到杆子另一头的空气中。同样，空气中的声音也很难传到水里，反之亦然。垂钓者不妨记住：你可以随意和同伴交谈，你们说话的声音不会把鱼吓跑的！

嘈杂的物体制造出的声音会传向四面八方，就像平静池塘中的细小涟漪。如果该物体开始运动，那么涟漪会继续扩散，不过它们会被拉长成椭圆形，物体运动方向前方的涟漪更加密集，而后方的则被拖成长长的尾巴，就像船在水面行进时拉出的尾迹。船开过以后好一会儿，涟漪才会传到岸边，所以同理，头顶飞过的喷气式客机快要离开视野的时候，我们才会听到它的声音。

不过，喷气式飞机速度接近声速时会发生一件有趣的事：机鼻前方的声波会被压缩，挤成一团，就像皱巴巴的衣服一样。空气分子无法及时离开飞机的行进路线，于是飞行员会开始感觉到气动阻力越来越大，就像有一只看不见的手把飞机往后拽。

“二战”期间，战斗机的速度首次触碰到了声速的边界，当时有人错误地认为，我们不可能造出超声速飞机——飞得比声音还快——正如谁也无法超越光速。但是，士兵们只要看看自己队伍里的大炮就能发现这种说法的荒谬之处。子弹能够轻松超越声速，它们在空气中的飞行速度可达1500米/秒。

爆炸的能量将子弹推出枪膛，同时发出声音，但枪声的真正来源让人有些意想不到：超声速物体前方积聚的压力波无法离开音源，

▲ 洛克希德公司的 SR-71 黑鸟侦察机

所以空气发生压缩，形成致密的激波，人们常称之为声爆。

哪怕配备了枪口消声器，也无法消弭子弹刺破空气产生的尖啸，这道声音的墙壁虽然薄，却依然强大。

现代喷气式战斗机在超声速飞行时也会产生类似的声爆，不过规模要大得多。你可能听见一阵突如其来的隆隆声，随后又很快消失，但实际上，激波会继续存在，紧跟在飞机后面，就像拖着一道锥形的声音的影子，直到气压能够有效地散开。

面对速度极快的物体时，我们常用“马赫数”来描述它们的速度。这个单位来自物理学家兼哲学家恩斯特·马赫，他曾研究过声音和弹道学（以及其他很多东西）。0.5 马赫即 0.5 倍声速，2 马赫就

若是以合适的方法挥舞牛鞭，鞭梢的速度有可能超越声速，形成微型声爆。

是两倍声速，以此类推。多年来全世界最快的飞机一直是洛克希德公司的SR-71黑鸟，1964年，它突破了3马赫的速度纪录。40年后，NASA的X-43A超声速燃烧冲压发动机把这项纪录往上提了一大截，它的速度达到了9.6马赫——近11200千米/小时。*

为了挣脱地球轨道，火箭需要达到更高的速度——大约23马赫（即第一宇宙速度，7.9千米/秒），而要飞向月球，它的速度还得提高一倍。显然，这些火箭发动机会带来非常响亮的声爆。

▲ 海因里希 · 赫兹

多响才算响？

为什么有的声音就是比其他声音响亮？每个声波都像海浪一样，有波峰也有波谷，它的尺寸——波峰与周围空气的压力差（如果是海浪的话，就是与海平面的高度差）——就叫声波的振幅。比如说，音乐家懂得如何用放大器（这种设备可以扩大波的振幅）把微小的声音信号转换成响亮的声音。

气压差越大，声波的尺寸也越大，声音就越响亮。

我们在这里提到的压力差，其绝对数值并不大。帕斯卡（帕）是人们常用的压强单位，我们生活的大气层产生的压强大约是101325帕。假设有一道声波正向你传来，那么气压立即会产生细微的升降变化（请记住，声波总有波峰和波谷，从技术上说，也可以叫作密部和疏部），如果压强变化2帕（仅仅是大气压的0.002%），那么我们会听见——你或许以为是低语声，但实际上，这个程度的压强变化相当于手提电钻穿透石头时那震耳欲聋的声音；低声交谈对气压的影响只有0.0005帕（还不到大气压的百分之一的千万分之五）。

某些读者可能会好奇，千赫（kHz）这个单位为何是中间大写，两边小写。实际上，这是科学界的一条规矩，如果缩写字母来自某个人的名字，那么它需要大写——在这个例子里，“H”代表的是19世纪的德国物理学家海因里希 · 赫兹，他对电磁学初期的探索做出了卓越的贡献。

* 不过当然，X-43A和近年来的其他极声速飞机都是无人驾驶的，所以从技术上说，黑鸟仍可被视为最快的飞机。——原注

部分声音的强度

响亮程度 / 强度（分贝）	音源
<0	无声
0 ～ 10	人类几乎听不见的最轻微的噪声
10 ～ 20	安静房间里正常的呼吸声，树叶抖动的沙沙声
20 ～ 30	5 英尺外的低语
30 ～ 40	图书馆或安静的房间
40 ～ 50	安静的办公室，有人在正常交谈；或者住宅区
50 ～ 60	洗碗机，电动牙刷，雨声，缝纫机
60 ～ 70	空调，汽车内部，背景音乐，正常交谈，电视，真空吸尘器
70 ～ 80	咖啡研磨器，高速公路上的车声，垃圾处理器，电吹风
80 ～ 90*	搅拌机，门铃，食物料理机，剪草机，电动工具，嘈杂的餐馆，鸣笛水壶
90 ～ 100	大声交谈，拖拉机，卡车
100 ～ 110	手提音响，工厂里的机器，摩托车，学校舞会，除雪机，雪地摩托，地铁
110 ～ 120	救护车警笛，车号，链锯，迪斯科，喷气式飞机滑行，摇滚音乐会，在耳边大喊
120 ～ 130	重型机械，气动钻机，运动汽车竞赛，打雷（短期听力损伤）
130 ～ 140	空袭警报，手提电钻（痛苦的阈值）
140 ～ 150	喷气式飞机起飞
150 ～ 160	大炮在 500 英尺外开火
160 ～ 170	烟火，手枪，步枪
170 ～ 180	霰弹枪，震撼弹
180 ～ 190	火箭发射，火山喷发
194	声音在空气中不失真的理论极限

* 在美国，如果员工需要长期暴露在 85 分贝以上的噪声环境中，那么雇主必须为他们提供保护耳朵的设备。

“好球是能听出来的。”

——博比 · 洛克，南非高尔夫球手

或许你会发现我们的耳朵是多么敏感。借助中耳和内耳里一系列相互关联的复杂骨头和膜，我们可以捕捉到小于十亿分之一的气压变化，也就是说，空气分子移动的距离比原子直径还短。

讨论声音大小的时候，帕斯卡这个单位实在太大，所以大部分人采用另一个单位：分贝（dB），定义为 1 “贝尔”（这个名字是为了纪念无线通信的先驱亚历山大 · 格拉汉姆 · 贝尔）的十分之一。分贝这个度量单位基本彻底以人类为中心：0 分贝代表的不是什么通用常数，而是人类听力的下限——我们能探测到的最微弱的声音。低于 0 分贝，你就无法分辨出那到底是声音，还是空气分子对鼓膜的随机撞击。

分贝系统呈对数增长，这意味着声音每增大 10 分贝，它的强度就需要增大 10 倍，但响度却只增加了一倍。也就是说，正常的交谈（约 40dB）响亮程度大约是安静图书馆（约 30dB）的两倍，但 30 分贝的图书馆，其声音强度比基本完全寂静的地方大 1000 倍。一辆大卡车轰隆隆地从你身边开过，带来的噪声可达 94 分贝——携带的能量差不多相当于低声说话的一千万（10^7）倍。

在 1976 年一场著名的音乐会中，人们在离舞台 30 米的地方测量，发现谁人乐队（The Who）演奏的声音达到了 126 分贝。我们把年代拉近一些，2009 年在加拿大举行的一场音乐会上，吻乐队（KISS）创造了 136 分贝的纪录，随后他们被当地执法部门要求“调低音量”。这场演奏的响度相当于心跳的 17000 倍，携带的能量则是心跳的 10 万亿倍。你只能盼望在这些演出开始之前，主办方发放了足够的耳塞，因为 120 分贝以上的声音可能造成永久性的听力损伤。

当然，摇滚音乐会制造的噪声跟新兴的一项国际“运动”相比，简直就是小巫见大巫。这项运动叫作汽车音响改装大赛——参赛者改装的车辆除了发动机和音响设备以外几乎别无他物。他们的目标是创造出最吵的汽车，哪怕只有短短几秒。这些汽车的车窗和门厚达 2 英寸，而且全都关紧固定，以免抖松铰链。参赛者站在车外拨动开关，创造出瞬间的巨响，甚至足以熔化喇叭里的金属。目前这项比赛的世界纪录大约是 180 分贝，比普通的音乐会还要响 60 倍，释放的能量则是演唱会的一百万倍。

事实上，那辆车的声音和史上最响的声音不相上下，大部分历史学家认为，最响亮的声音来自 1883 年印度尼西亚的喀拉喀托火山喷发。那场灾难摧毁了火山所在岛屿的大部分区域，火山灰直冲 80 千米的高空，巨大的响声超过 180 分贝，远在 5000 千米外的毛里求斯都能听见。激波传得更远，接下来的五天里，火山爆发的余波在全世界回荡。

可是，还有比这更响的声音吗？这取决于你如何定义声音。激波的强度没有上限，引爆几百磅的 TNT 炸药，就能创造出大约 200 分贝的压力——这样的激波足以杀死距离太近的人类。核爆的压力可达 275 分贝。但是，如果你将声音的定义限制为“拥有波峰和波谷的压力波、通过空气传递的信号”，而不是致命而失真的大爆炸，那么声波就不能超过大气压。也就是说，它的疏部（声波的最低点）不能低于 0 帕，即真空气压。那么，从标准大气压 101325 帕的上限到 0 帕的下限，我们就能得到音量的理论最大值：194 分贝。

声音能量的测量单位是瓦特每平方米，即 W/m^2。从我们能听见的最微弱的声音，到大叫一声“哎哟，好疼！”二者所需的能量比是 1：1000000000000000（一百万亿）。这个例子再次告诉我们，人类的听力是多么敏感。与声源的距离越远，你听到的声音就越小。更确切地说，距离每增大一倍，音量就会降低大约 6 分贝。

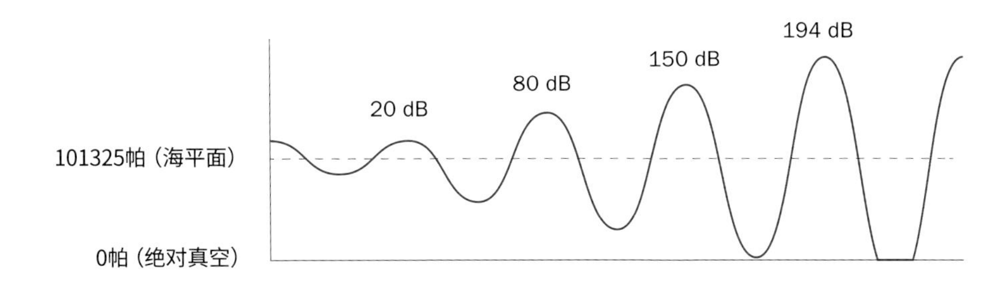

▲ 随着音量增大，声波逐渐变得不完整

那是什么频率，肯尼斯？*

我们的耳朵不光能敏锐地分辨声波的振幅，还能准确判断两个波峰之间的距离——也就是声波的波长。波长和声速决定了一个完整的声波冲击鼓膜的时间，就像一道道海浪永不停歇地拍打着沙滩。

大约 2500 年前，希腊的数学爱好者毕达哥拉斯首次观察到，弹拨一根绷紧的弦，它就会以特定的频率振动，创造出声音。要是用更细的线把弦绷得更紧，或是将它截短，那么它的音调就会变高。弦缩短一半，发出的声音正好比原来高一个八度；而两倍长的弦则会发出低八度的声音。

在研究波的时候，弦是非常有用的工具，因为我们可以亲眼看到它的振动。松弛的丝线无法发出能让我们听见的声音，但只要把它绷紧一些，让它达到每秒 20 次以上的频率，你就会听见低沉的咕哝声；继续拉紧丝线，咕哝变成了呻吟，然后是咆哮，音调逐渐升高。音调完全基于声波的频率——也就是每秒振动的次数。频率越低——波长就越长，每秒的循环次数也越少——我们听到的音调就越低。较高的频率（短波长，每秒的声波个数更多）听起来音调也更高。

我们身边充斥着各种各样的振动。鸟儿以每秒 2 ～ 3 次的频率拍打翅膀，但产生的声音我们听不见；大黄蜂振翅的频率约为每秒 200 次，制造出低沉的嗡嗡声。蚊子每秒拍打 600 次翅膀，留下烦人的哼唱。听力再次帮了我们的大忙，让我们得以“伸出触角”，找到闯进来的虫子。

科学家用简单的“赫兹”（Hz）取代了“每秒波的个数或循环次数”。你可以说钟摆的运动频率是 1 赫兹（每秒一次），尽管它发出的“嘀嗒”声振动速度比这快得多。事实上，人类能听到的最低的音调大约是 15Hz 的声波。30Hz 的声波听起来与之相似，不过要高一个八度；60Hz 的也变化不大，大约相当于一只蜂鸟从

* *“What’s the Frequency, Kenneth?”* 这是美国著名摇滚乐团 R.E.M. 的一支歌的名字。

声音的频率

频率	声音现象
0.1 ～ 2Thz	激声器（原理类似激光，尚在研发中）
1 ～ 20MHz	医用超声波
25 ～ 100kHz	蝙蝠的声呐节拍
40 ～ 50 kHz	超声波清洁
32.768kHz	石英晶体计时器
18 ～ 20kHz	人类听力上限
4 ～ 5 kHz	蟋蟀（蛐蛐）
2048Hz	C7 科学标准音调，女高音歌手的发声上限（约值）
440Hz	A4 美式标准音调，电视台调试模式
435Hz	A4 国际标准音调
261.63Hz	“中 C 调”（C4 美式标准音调）
256Hz	C4 科学标准音调，一般是女性声带的基本频率
128Hz	C3 科学标准音调，一般是男性声带的基本频率
64Hz	C3 科学标准音调，男低音歌手的发声下限（约值）
50Hz	飞行中的红喉北蜂鸟
20 ～ 50Hz	猫的咕噜声
20Hz	人类听觉下限
17 ～ 30Hz	在这个范围内，蓝鲸和长须鲸是海里最聒噪的声源
1 ～ 5Hz	龙卷风

身边飞过。在此基础上翻一倍，120Hz 就已经接近男性的嗓音；女性的声音还要再翻一倍，实际上，人类嗓音的频率在 80Hz 到 1100Hz 之间。

声波被压缩到每秒数千次循环时，我们开始用千赫（kHz）来衡量。儿童能够轻松听到 20 千赫（每秒两万次循环）的声波，但这种能力会随着年龄的增长逐渐消失，人到中年以后，我们基本就听不见 15 千赫或 16 千赫以上的声音了。市场营销人员利用了这种区别。威尔士的一家保安公司用设备发出 17 千赫的嗡嗡声，以此赶走在店门外闲晃的青少年。当然，很快有人找到了反向的应用，他们把手机铃声设置成高频音——于是孩子能听见手机在响，成年人（例如老师或家长）却听不见。

请注意，从每秒 20 个波循环到每秒 20000 个，这个跨度相当大，包含着 10 个以上的八度（其中每个八度代表频率增加一倍）。作为对比，人类的眼睛只能看到电磁谱系上的一个八度，400 ～ 780THz 的电磁波。

天气情况也会影响声音传播的距离，但原因可能不是你想的那样。强风不会把声音刮得更远，或者把它往回推，就像真正有实体的物质那样。别忘了，声音的速度比风快得多！不过，风切变——大气中不同两点之间风向的急剧变化——可能影响声音的传播。声音向外传播时一般会向上弯曲，但如果正好遇到某种风切变，它可能转而向下，就像石头在池塘水面上打水漂一样——结果声音就会传得更远。与此类似，逆温——一层热空气盖在一团冷空气上方——也可能让巨响传得更远。英国某处油库的爆炸声可以传到 320 千米外的荷兰，因为声音被一层空气反弹了；离爆炸地点近得多的人反而没有听到，因为声音从他们头顶“跳”了过去，形成了“声影”。

接下来请思考一下我们的耳朵处理信息的速度。首先，声波被耳郭（就是支在你头部两侧的肉嘟嘟的耳朵）捕获，它就像一台精密的仪器，巧妙地对声音进行放大和过滤，然后将它们凝聚起来，送进耳道。接下来，声波振动耳朵里一片又薄又硬的皮肤，它的学名叫鼓膜，不过人们也常叫它耳膜。

“有一样东西我特别讨厌！那就是噪声，噪声，噪声，噪声！”

——苏斯博士，《圣诞怪杰》（*How the Grinch Stole Christmas*）

乍看之下，鼓膜确实有点儿像鼓，外来的声音仿佛在不断“敲击”它，但事实上，声音带来的气压变化有正也有负，所以它不光是“敲击”鼓膜，也可能将鼓膜向外拉扯。耳朵里藏着一套复杂得让人瞠目结舌的装置：人体内最小的三块骨头（老师教的你还记得吗？它们分别是锤骨、砧骨和镫骨）组合起来，形成类似液压杠杆的结构。来自鼓膜的物理运动传到这里，三块骨头能将最微弱的声音信号放大22倍，转化成对耳蜗的压力，耳蜗里充满液体，形状就像蜗牛的壳。最后，声波穿过耳蜗内的液体，刺激超过20000根纤毛，就像一股涌流从水底掠过，引得海床上长长的水藻随之飘拂。声波的波长直接转换为它深入耳蜗螺旋的距离，也影响着它激活的纤毛数量。高频波先激发前部的纤毛，释放能量；而低频波则进一步刺激更远的纤毛。

最后，纤毛的运动转换为电信号，传向脑部，这一切都发生在瞬息之间。

“世界永远是喧嚣的，哪怕在寂静中也总是回荡着同样的音调，那无法被我们的耳朵捕获的振动。”

——阿尔贝·加缪，《反抗者》（*The Rebel*）

回声，回声

探索光和它的波长时，我们遇到了一些极小的数字——百万分之一米乃至十亿分之一米级的电磁辐射，声波要比这长得多。哪怕是我们能听见的最高频的声波——每秒振动次数最多、波长最短——的两个波峰之间的距离也有1.7厘米。与我们能看见的最长的电磁波红光相比，前者的波长大约是后者的20000倍！

> “琴弦低吟之中有几何。球体间隙之间有音乐。”
>
> ——毕达哥拉斯

用声速除以声音的频率，你可以轻松算出它的波长。所以中 C 调的振动频率大约是 262Hz，那么它的波长大约是 1.3 米。人类能听见的最低的音调波长达到了惊人的 22 米。

当然，由于声速高达 343 米 / 秒，所以这么长的波带来的气压升降只需要几毫秒就能从我们身边呼啸而过。

从另一个方面来说，声波的波长决定着它是不是容易被我们听见。无论是哪种波，遇到障碍时都可能产生几种结果，具体取决于它的波长。如果波长小于障碍物尺寸，那么它很可能会被反射；通过光波我们可以轻松观察到这一点，因为它的波长比肉眼能看见的任何物体都要小得多。用手电筒照某样东西，你就会看到影子，因为光被反射了，无法照亮物体背后的地方。

声波也一样：靠近一面墙大喊一声，你会听见墙反射的声音。利用这种效应，人们发明了声呐。在幽暗的海底，潜艇可以靠它导航——声呐不断向外发射声波，如果水里有大的障碍物，声波就会被反射回来。

但是，由于声波的尺寸不算小，所以遇到较小的物体——任何尺寸小于声波波长的物体——时，它就不会被反射，而是发生衍射——从物体旁边绕过去。所以你能听见楼下大厅里播放的音乐，不过似乎比在近处听到的更加柔和，因为低音明显更多。频率较高的短声波被留在了走廊里，因为它的衍射效果不太好；而低频音波长更长，所以它能巧妙地绕过角落，传得更远，影响范围也更广。

所以你可以闭上眼睛，左右转头，判断说话的人到底是在房间里的哪个地方：你的头也会挡住声音，产生“声影”，高频音在某侧显得更清楚，而另一侧听起来就比较模糊。与此类似，音响发烧友都知道，重低音喇叭放在房间里的哪个位置都可以，因为低音波长长、易衍射，你根本听不出来声源是在前方还是后方。

不同动物能听到的频率范围

（单位：赫兹）

金鱼
5～2000

鸡
125～2000

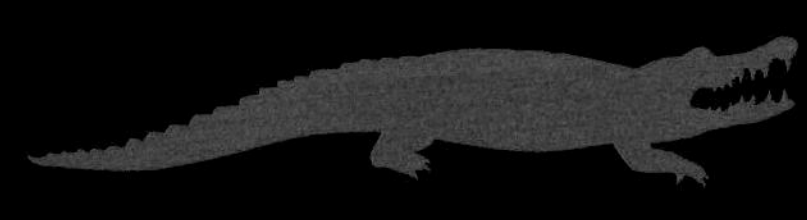

鳄鱼
20～6000

鸭子
300～8000

牛
23～35000

人类
20～20000

蛾子
1000～240000

亚洲象
16～12000

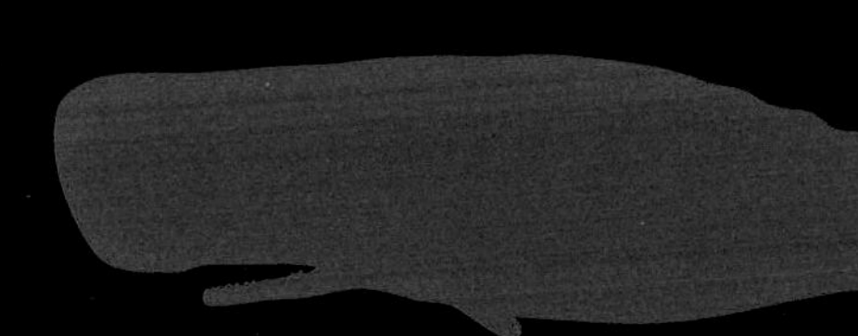

座头鲸
30～28000

蓝鲸
5～12000

蚱蜢
100～50000

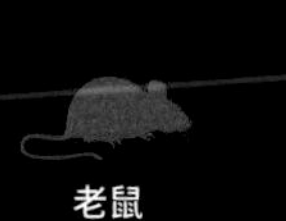

狗
67～45000

猪
45～45000

猴子
60～40000

老鼠
1500～85500

宽吻海豚
75～150000

海牛
400～46000

猫
45～64000

牙买加果蝠
2800～131000

音质在传播过程中之所以会变，还有一个原因：物质（空气、你的椅子，一切事物）会吸收声音的能量，将之转换为极微量的热。空旷的大屋子和深邃的峡谷或许很容易产生回声，但反射回来的声音总会变得柔和很多，这是因为高频短波长的声音更容易被吸收。这也解释了为什么近处的雷声听起来尖锐刺耳，而到了两三千米外，就只能听见轰隆隆的闷响了。

我们听不见的声音

随着年龄的增长，我们渐渐开始听不到高频音，由此你或许会想到，是否也有其他声音是我们听不见的。答案当然是肯定的，不过或许你压根儿就不想听到那些声音。

频率超过 20 千赫的声音被称为超声波（请注意，这个词和“超声速”不同，后者指的是比声音还快）。狗能听见频率高达 45 千赫的超声波，猫能听到的频率还要更高一些。背后的原因很可能是演化方面的：如果你要猎捕老鼠之类的小动物，那么你肯定希望听到它的声音——小老鼠痛苦的叫声可以轻松达到 40 千赫。

因为要靠声音捕猎，自然界也有动物发展出了回声定位的本领。如果能发出波长短到足以被猎物反射回来的声波，那么只要仔细聆听周围的回声，你就可以找到它、感觉到它，简直就像亲手摸到它一样。蝙蝠就是个典型的例子，它的叫声能达到 100 千赫以上，这种声音响亮而短促（通常只会持续几毫秒），但它的波长正好能被大多数物体反射，哪怕尺寸只有两三毫米——在蝙蝠寻找昆虫或是试图避开树枝的时候，这非常有用。如果声波撞上较大的动物或物体，蝙蝠甚至能“看到”微小的特征。所以它可以判断那东西是什么样的、可能是哪种动物，诸如此类。更令人震惊的是，尽管蝙蝠常常是数百只甚至数千只一起结伴飞行，但它们仍能分辨出自己的声音，绝不会遭到干扰。

人类已经为超声波找到了一些巧妙的用途。牙医利用超声波来洗牙，医生借助超声波无创粉碎肾结石（这种手术的名字相当拗口，叫作“冲击波体外碎石术”），诊断医生利用超声波来探测人体内部，基于同样的原理，工程师也用它来检查塑料、木材或金属杆的内部结构。不过，这些应用采取的声波频率都远超动物的听力范围，从 50 千赫到 18 兆赫（18MHz）不等。

在声波谱系的另一头，频率达到每秒 20 次以下时，我们就进入了次声波的神秘世界。尽管海豚、鼠海豚和虎鲸都靠超声波进行回声定位，但大部分海洋哺乳动物彼此交流时都会采用低频的次声波。如前所述，低频音传得更远，频率低于 1000Hz 的声波在咸海水里传播的距离要远得多。所以座头鲸和蓝鲸会以 10 ～ 30Hz 的频率大声（超过 150 分贝）吟唱——低沉有力的歌声能传到几百千米以外。

座头鲸的歌声非常响亮，足以传到 160 千米以外。但抹香鲸才是动物界嗓门最大的物种，利用头部的喷气结构（它有一个奇怪的名字，叫作“猴唇”），它可以发出 230 分贝的嘀嗒声！

在陆地上，大象、河马和短吻鳄也会利用次声波（频率低于人类听力范围）与同类交流，完成大范围的团队协作；雄性动物还会利用这种声音寻找配偶。比如说，雌象会发出独特的哼声来表明自己的存在，这种声音可以传到好几千米以外。动物学家报告称，尽管人类耳朵听不见这样的低音，但却能感觉到空气的振动。动物如何探测此类声音，我们仍不清楚，不过压力波更容易在岩石中传播，所以它们可能靠脚来感觉次声波。

有趣的是，尽管人类听不见次声波，但我们可以探测到它，而且次声波可能带来一些意想不到的效果。2003 年，伦敦有一个研究小组在一座音乐厅后面架设了一台“次声波大炮”，听众欣赏音乐的时候，他们间歇性地掺杂了非常轻柔（只有 7 分贝左右）、低沉（17 赫兹）的声音。接受访问的时候，22% 的听众报告说，自己产生了强烈的不适、恐惧或——与之相反的——超凡脱俗、神圣感。他们很多物种都演化出了用于制造或探测声音的器官。蜘蛛、蟑螂等节肢动物的腿部有特殊的毛发，能够感觉到声音；蚊子和其他许多昆虫的触角都能感觉到气压的微弱变化；蜜蜂通过嗡嗡振翅完成交流；蚂蚁、蟋蟀乃至某些蛇和蜘蛛会摩擦身体某个部位，发出高亢的啁啾、嘀嗒或吱吱声，有的还非常响亮：非洲蝉发出的声音可能超过 105 分贝！

说，“胃里有种奇怪的感觉”“觉得很焦虑”“平静与不安奇妙地混在一起”。

次声波会令人不适的记录并非孤例。某家工厂的雇员拒绝在特定的几个房间里工作，因为待在里面他们就觉得莫名难受，后来人们发现，振动的冷却扇送进房间的不仅是空气，还有次声波。现在有的科学家相信，很多房子闹鬼的传说实际上缘自神出鬼没的次声波。比如说，某个频率的声波——大约 18Hz——会让人的眼皮跳个不停，而且还会让你的边缘视野中出现灰色幽灵似的阴影。正如莎士比亚在《麦克白》中所说的，幽灵会不会是“充满着喧哗和骚动，却找不到一点儿意义”？

人类发现的频率最低的声音——比动物的次声波叫声、雪崩和地震（有的地震波低于 1Hz）还要低得多——来自遥远的天文事件。很多星系内部都有大量的“自由飘浮”气体——那是亿万年来无数恒星发育、爆炸留下的残骸。大约 2.5 亿光年外的英仙座星系团里有一个黑洞，最近天文学家在观测这个黑洞时发现，星云中似乎有一些图案。某些区域比较密集，另一些区域则比较稀疏，很快人们就醒悟过来，这实际上是黑洞产生的声波。

这道声波是单音调的，长度不是几米，而是几十亿米。准确地说，研究者认为，它是一个 B 降调，比中 C 调低 57 个八度，比我们能听到的最低的声音还要低千万亿倍。不妨想象一下，频率为 20Hz 的单个声波通过某点花费的时间是 1/20 秒，那么英仙座黑洞发出的声波需要一千万年才能通过同一个点。是的，这里有个讽刺的反差，正如柏拉图所说：“空容器发出的声音最大。”*

当然，如前所述，声音最终总会被吸收，然后转换成热。科学家估计，这些声波，这些丰沛宽广的低吟在星系中留下的能量相当于几十亿颗太阳，黑洞的吟唱温暖了恒星之间的气体，创造出适合哺育恒星和星系的温床。

* 柏拉图这句话的全句为：As empty vessels make the loudest sound, so they that have least wit are the greatest babblers.（正如空容器发出的声音最大，智力最低者最善于唠叨不休。）

复杂的声音

今天，在我们这颗小小的星球上，到处都充斥着各种各样的声音——频率和振幅的谱系与节奏、韵律、和声以及其他诸多元素交织在一起，形成错综复杂的声场。更为精彩的是，我们居然能从这一片嘈杂中分辨出各种声音。在晚宴上跟人交谈时，你或许会无意中听见餐桌旁别人的对话，间或还会留意到优美的背景音乐，不经意间又捕捉到隔壁房间里婴儿的哭声。

我们之所以能辨认出不同的信号，部分是因为声音很少是纯粹的。如果用长笛和钢琴分别轻声奏出降 A 调，频率同样是精确的 436Hz，那么我们绝对听不出二者的区别。但是，乐器和大部分能发声的物体都会产生泛音——混杂了额外的声音，而且频率通常是最低基础音的偶数倍，这种现象被称为和声。所以，吹奏长笛——从本质上说，就是一根有洞的金属管——发出 436 赫兹的声音，那么笛声中总是伴随着 872 赫兹的强次音，还有少许 1308 赫兹和 1744 赫兹的声音。你还会听见频率介于这些数字之间的微弱声音，它们共同构成了令人心醉的笛声。同样，钢琴也会产生各种频率的泛音，但比例与长笛大不相同，从而形成它独特的风味。声波频率混合的模式决定了乐器的腔调，或者说音色。

我们在晚宴上的短短几分钟里就会接收到数十亿相互重叠的声波，无论如何，破译它们似乎是个不可能的任务，但对我们的耳朵来说，这只是很常规的工作。

值得一提的是，在皮肤的帮助下，聋人也能“听到”、欣赏声波。很多聋人喜欢随着响亮有节奏的隆隆低音起舞，因为他们能够感觉到乐声。音乐会上，有的聋人听众会将气球夹在指间，仿佛外置的鼓膜；气球会产生共鸣，放大乐声，让聋人获得更丰富的音乐体验。

起初一片寂静，然后突然有了光。1949 年，天文学家兼科幻作家弗雷德·霍伊尔杜撰了“大爆炸”这个词，其实他描述的并不是宇宙诞生时的声音，而且严格来说，“爆炸”的表述并不恰当——由于没有介质，所以新宇宙的爆炸式膨胀更像是无声的灯光秀。但是不久后，振动的脉搏就出现在炫目的光子海洋中，随后它又同样撼动着原始的早期原子汤。哪怕到了 137 亿年后的今天，天文学家在丈量天堂时仍能探测到这些最古老的波残留的影响。我们可以看见，星系——每个星系里又有数十亿颗恒星——每隔 5 亿光年左右就会聚集成团，那是波峰和波谷，或者说密部和疏部，留下的遗迹。

乍看之下，这些似乎与听觉毫不搭边，不过请记住，听觉即触觉。事实上，脑科学研究者近期发现，聋人处理这些物理振动的脑区与普通人处理听觉信号的脑区完全相同。显然，人类的生理结构能够探测、理解声音，如果这条路走不通，身体就会换另一条。

毫无疑问，声音是我们人生体验的重要组成部分，有时候它甚至超越了日常生活的层面。几乎所有传统信仰都会强调声音的创造力和治愈效果。按照苏菲派穆斯林传统，音乐和圣歌会引领你靠近内心神识的核心——玄机，让你有可能直接与圣灵交流。正如 12 世纪颇有影响力的伊斯兰哲学家安萨里所说："要凿取隐藏在内心深处的秘密，唯有依靠音乐与歌唱凝成的燧石与钢铁，耳朵是通往心灵的唯一道路。"

与此类似，基督徒和犹太教徒笃信充满灵性的"言语"，要么是先知的启示，要么是——在神秘传统中——我们自己吟唱的赞美诗，据称，它们会带来天堂般的回响。东方宗教常常吟诵催人入梦的经文，里面通常包含着"唵"之类的"真言"。在古老的传说中，这个音节发自肺腑，同时又拥有形而上学的变化，它能够引发我们与天堂的共鸣。

这样的想法也不是完全的妄想，因为共鸣在我们周围非常普遍。任何物体、任何材料都拥有振动的固有频率。比如说，敲敲酒杯，你会听见它独特的嗡嗡声。如果播放与之相配的声音，那么物体会振动得更加剧烈——要是声音够大的话，杯子甚至可能碎掉。歌声震碎酒杯的故事是真的！

这套物理规则适用于任何形式的波。荡秋千的时候，如果推动秋千的频率与秋千的固有频率吻合，那么不用费多大的劲儿，它就会越荡越高。要是你的频率快了一点儿或者慢了一点儿，那无论是坐秋千的孩子还是推秋千的你，感觉都不会太好。钢琴和大提琴的琴弦也有自己的固有频率：如果用另一件乐器奏出与之相似的音调——包括音高与和声泛音——那么作为回应，琴弦也会振动起来。

所以，歌声和祷言没准真能激发某种我们看不见的东西，谁说得准呢？

耳朵捕获声波信号，我们由此得知自己和周围的事物有着丝丝缕缕的联系。脚步声、说话声、最爱的音乐、簌簌作响的丝绸——我们从身边飞驰而过，甚至穿过身体的声音里发现意义，也借由自己创造的声音传达心意。这些能量波的影响无远弗届，从母亲子宫的搏动到恒星垂死的爆炸，声波中蕴含着无限可能。

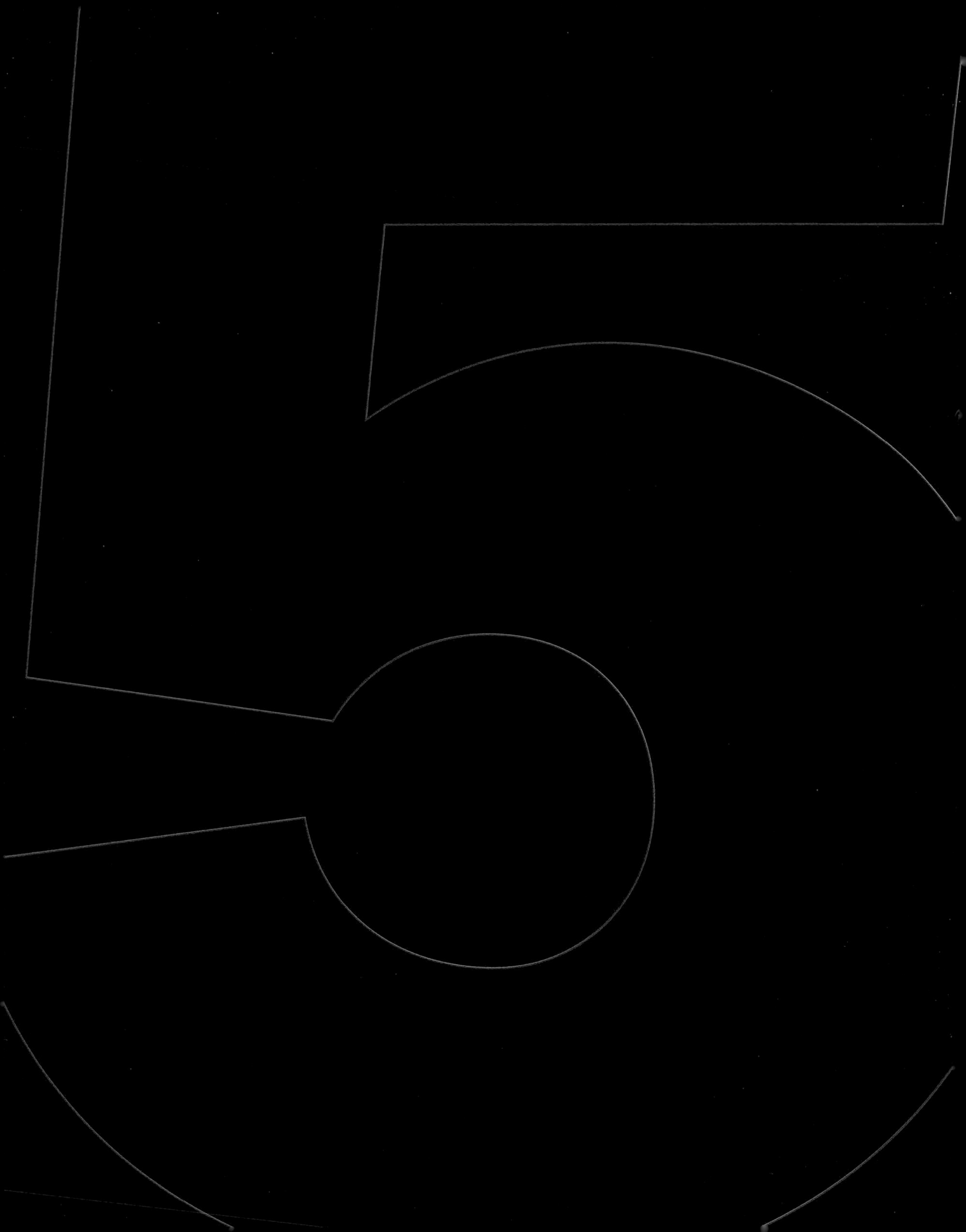

热 HEAT

室温到底是多少根本不重要，反正它永远是室温。

——史蒂文·赖特，喜剧演员

天上地下，很少有什么事儿能比洗个热水澡更让人愉快。温暖包裹你的整个身体，让你感觉安心、放松、精神焕发——这背后有着很重要的原因：热量意味着生命。生命需要热量，不过就像《金发女孩和三只熊》的寓言里所说的那样，不要太烫，也不要太凉，不凉不烫才刚刚好。热水澡的温暖、爱人的拥抱总会提醒我们，生命多么美丽，一切都会好起来，哪怕只有一瞬。

热的本质是运动——电、压力、化学反应、核力或其他形式的能量都会激发原子和分子，让它们运动起来。能量总是不可避免地转换成运动，就像孩子吃了糖就容易亢奋；运动状态在原子和分子间传递，直至热量尽可能地均匀分布。

我们将温度作为热的度量单位，以温度来衡量某件物品里蕴含多少能量。冰块能提供的能量很少，而闷热的天气里充斥着大量能量，尽管环境的湿热让你感觉自己的所有能量都已被抽干。我们对温度十分敏感，因为它与我们的生命和健康息息相关。

不过，自然界的温度跨度很大，我们熟悉的只是其中一小段。脆弱的人体只能应对小幅度的热量变化。比体温高出 30 摄氏度的物体就足以造成严重的灼伤，如果我们的体温降低 10 摄氏度，哪怕只是一小会儿，那后果将是灾难性的。当然，温血动物的新陈代谢让我们能够恰如其分地调节自己的体温，所以在需要的时候，我们可以出汗来降温，或是靠细胞生热，实在有必要的话，身体还会通过不自觉地颤抖来获取热量。如果这套机制失效了，你的体温就会变得过高或者过低，器官内部关键的化学反应被迫停止，最终导致死亡。

其他动物也演化出了应对温度变化的多种方式。冬天到来时，北美树蛙根本就不用费神取暖，随着温度降低，它的细胞和血液中会充满糖和蛋白质的混合物，让它得以进入冰冻状态，同时不会造成组织损伤。冷冻以后，树蛙的一切生命迹象都会消失：没有心跳，没有呼吸，肾脏也停止了工作，就像一块毫无生气的石头……直到春天来临，隐藏在身体深处的某种未知信号发出指令，树蛙奇迹般复活过来，短短几小时后，它就会到处蹦跶着寻找配偶了。

无论是极地的冰雪还是沙漠的酷热都难不倒我们，但是，和太空中或地壳深处的某些地方相比，我们眼中的严寒和酷暑都成了小儿科。温度是运动的能量，而能量——正如你所想的那样——可大可小。

测量温度

闪电的温度可达 50000 华氏度（27760 摄氏度）——比太阳表面还烫——蕴含的能量介于 1 亿到 10 亿伏特之间。

如果你去瑞典旅行，听见别人说，气温是 22 度，你会不会带上夹克？如果天气预报告诉你，气温是 295 度，你会不会感到担心？当然，温度数字相差如此悬殊，是因为各地采用的温标不同。常见的温标有三种：摄氏度、开氏度和华氏度。

早在公元前 2 世纪，科学家就发现某些物质受热时会膨胀，例如空气，但直到 17 世纪，才有伽利略等科学家利用这一点制造出了测量热度的设备，也就是“温度计”。后来，牛顿又提出了一个大胆

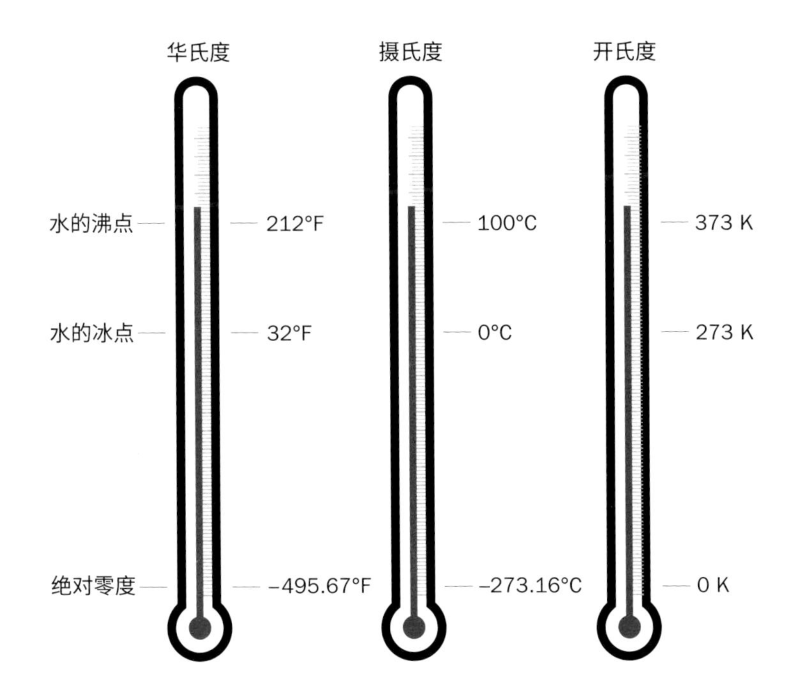

的主意：在温度计上添加刻度，以便记录准确的数值，于是他规定，融化的冰是 0 度，人类的体温则是 12 度。

12 这个数看起来可能有点儿奇怪（为什么不是 10 或者其他更合理的数字？），不过请注意，十二进制的系统有其优点，它可以方便地等分成六份、四份、三份和两份。因此，在英制标准里，1 英尺等于 12 英寸，1 先令等于 12 便士，12 件物品被称为 1 打，12 打等于 1 罗，诸如此类。

年轻的丹尼尔·加布里埃尔·华伦海特是一位吹玻璃的匠人，同时也是一位物理学家。1714 年，他对温度计做了几个巧妙的改进。老式温度计里使用的液体黏糊糊的，准确度也不高，例如酒精，华伦海特把它换成了水银。为了拓展测量的范围，他把 0 度定义为盐水融化的温度，显然，这远低于淡水的冰点。与此同时，为了细化刻度，他把温度计的上限（即人的体温）定义为 96 度（这个数看起来也有点儿怪，不过你会发现，它可以被 2、3、4、6、8、12 等很多数整除）。

▲ 安德斯·摄尔修斯

几年后，科学家逐渐意识到，水的沸点比人的体温更加重要，所以华氏度也随之进行了微调。最后，水的冰点被定义为32华氏度，沸点则是 212 华氏度，比冰点高了足足 180 度。这样的调整相当方便（180 也是一个很容易被整除的数，而且可以和半圆的角度完美契合），但却需要把每一度稍稍拉长一点儿，所以最终，人的体温数字就显得有些尴尬：98.6 华氏度。

既然水的冰点和沸点如此重要（至少在地球上），那为何不把它们设为 0 度和 100 度呢？正是出于这个原因，1742 年，瑞典天文学家安德斯·摄尔修斯提出了摄氏温标（确切地说，他最初把冰点设为 100 度，沸点设为 0 度。很奇怪吧？几年后摄尔修斯去世了，人们很快就把他设定的温度颠倒了过来）。摄氏温度计上的每一个刻度正好相当于总尺度的 1/100，所以它又被称为“百分度”（degree centigrade，拉丁语里的“一百步”）。这个术语沿用了三百年，直到 1948 年，国际计量委员会最终将它正式命名为“摄氏度”（degrees Celsius）。

既然我们已经有了两种温标，为什么还要搞出第三种来？18 世纪中期，科学家们开始认识到，冰点和沸点之间的温度只是整个谱系的一小段，真正的世界比这广阔得多。起初，人们并没有发现物质的冷热程度有什么极限。说到底，既然你可以把物体加热到 1000 摄氏度（这是炉台的常见温度），那为什么不能把它冷却到 –1000 摄氏度呢？

要把华氏度转换成摄氏度，你需要先减去 32，然后乘以 5，最后再除以 9；而要把摄氏度转换成华氏度，先乘 9，再除以 5，最后加 32。

然而不幸的是，科学家一直在寻找各种巧妙的办法将氮气和其他气体冷却到冰点，在这个过程中，人们发现了一件怪事：气体的温度每降低 1 摄氏度，它的体积就会压缩一点点——大约 1/273。于是我们可以得出一个有趣的推论：当温度下降到 –273 摄氏度时，这些气体将彻底消失，或者说，完全不占据任何空间。当时的人们对科学的认识还不成熟，所以他们并未由此推出 -273℃就是寒冷的极限。

这个数字如此引人注目，苏格兰物理学家威廉·汤姆森——他为电报事业做出了巨大的贡献，因此获得了极高的名望和男爵的头衔——提出，应该将它定义为新的零度，即绝对零度。威廉男爵的建议奏效了，但你肯定没听说过“汤氏度”；这是因为他后来进入了英国上议院，并被人们称为“拉格斯的开尔文男爵”（他住在拉格斯，实验室坐落在流经格拉斯哥的开尔文河畔），所以他提出的温标被科学家们叫作“开氏度”——这套温标每一度的“尺寸”都和摄氏度一样，但它起始的零度却要低得多。

▲ 威廉·汤姆森，后来的开尔文男爵

由于热即运动，运动即能量，能量又有多种不同的形式，讨论它们的角度也很多样，所以科学界发展出了系统性地描述、讨论热量的多种方式。比如说，我们经常提到“卡路里”（Calorie），讨论燃气生热时我们又时常会用到“焦耳”（Joule）或是 BTU（英制热单位）。1BTU 定义为 1 根木质厨房火柴燃烧释放的热量。

幸运的是，无论是谈论茶的温度，还是金星上的天气，我们都不需要用到这些复杂的热量描述体系。华氏度和摄氏度足以帮助我们应付普通的日常生活，而若要探索极冷或极热的世界，开氏度就有了用武之地。

1967 年的国际计量大会赋予了开尔文男爵一项绝高的荣誉：与会者同意去掉“度”这个词，直接将他定义的温标单位称为“开尔文”。名字用作单位时不用大写的发明家寥寥无几，开尔文男爵从此也步入了他们的行列，他的同伴包括瓦特、伏特、安培和焦耳。

测量混乱度

你可以在家玩个小魔术：把一块冰放进盘子，然后把盘子留在台面上。含混不清地念上几句咒语（再等一小会儿）以后，神奇的事情发生了：盘子里的固体变成了液体，哇噢！要是你等得够久的话，那一小摊清澈的液体还会彻底消失，哇噢！和所有魔术一样，要是你不知道背后的原理，它看起来真是够神奇的，可是一旦秘密被揭开，魔术立即变得平凡无奇。不过，请容许自己天真一会儿，以一无所知的眼光看看这个小魔术。固体变成液体又再变成气体，都是缘于一个关键的因素：热量。

1克水升温1°C所需的热量被定义为1卡路里。不要把它跟食物营养标签上的“卡路里”弄混。我们在日常锻炼中讨论的“卡路里”，实际上使用的单位是千卡（或大卡，1千卡等于1000卡路里）。1焦耳大约等于1/4卡路里。

几百年来，科学家一直认为热量是一种元素——一种名叫“卡路里”的隐形液体，可以从一件物体流向另一件物体。17世纪的英国哲学家、自由主义之父约翰·洛克曾经提出，热是动能的一种表现形式——代表着物质“看不见的运动”。

如果热即运动（现在我们已经确认了这一点），那么从技术上说，世界上就不存在“冷的”东西。显然，某件物体摸起来可能比另一件更冷，但实际上你的意思是说它的热量更少——在这个话题下，我们能讨论的只有热量，运动速度快，热量增加，运动速度慢，热量就减少。换句话说，一件物体并不是比另一件凉，而是没那么热。

接下来我们进入比较深奥的部分：测量热也就是测量混乱程度，或者说，测量有序程度。冷却某种物质，也就是减少它的能量，让分子安静下来，停留在固化的结构中；增加热量则会破坏这样的结构，将它搅成一锅浓稠的肉汤；若是继续增加热量，分子会挣脱彼此的束缚，变成迅速膨胀的高熵气体，就像一群鸟儿飞向天空。就连气体的英语单词“gas”都源自希腊语里“混沌”的某种荷兰拼法。

请记住一件重要的事情：在原子层面上，所有东西都不可能真正停止运动。怡人的春天里，空气分子以1850千米/小时的速度飞舞，疯狂地撞击着彼此的磁场，轻轻拂过你的皮肤，带来压力，传递热量。晶体里的原子被牢牢固定在原地，然而即便如此，固体中的分子也从不曾停下舞步，它们会沿着内部的自由度，在原子尺度上蠕动；接下来，每个原子也会不甘寂寞地振动，每个电子永远都处于“它在这里，它不在这里”的混沌之中。

永不停歇的运动带来的后果之一是，固体其实没有我们想象的那么坚固，你认为坚实可靠的分子可能会出乎意料地从某个相转换为另一个相。比如说，哪怕温度保持在冰点以下，冰块里的部分分子依然会变成液相，然后通常会再次结冰。更奇怪的是，如果一直放着不管，冰块会逐渐蒸发，冰冻的分子直接变成蒸汽，完全跳过了液相，这个过程叫作升华。与此类似，气体里部分温度较低的分子会自发地结合在一起，形成固体，然后又变回气体，这个过程会周而复始地持续下去。

任何物质在特定的温度和压力下总会倾向于某个特定的相（固相、液相或气相）——因为压力也是物相的重要影响因素。增加压力会造成升温——所以自行车胎打满气的时候会变得更暖和——而且压力还会改变物质的熔点或沸点。水在山顶的沸点比在山谷里低，因为山顶气压更低，让它更难保持液相。如果把液体放得更高，比如放到接近真空的太空中，那么它在瞬息间就会蒸发、膨胀、冷却，然后凝华成细小的晶体。

不过有一点是确定的：无论物相如何变化，热量永远不会真正地增加或减少，它只会从某个地方流向另一个地方，或者从某种形式的能量变成另一种。这是热力学（“热如何运动”的高级说法）的核心定律。气体总会膨胀，充满它所在的容器，电梯里的人也总是站得稀稀拉拉，填满整个空间，与此类似，热总会向更冷的地方扩散。因此，用温度计测量体温时，你身体里的热量实际上会减少一点点，因为能量传入了温度计，直至二者（你的身体和那件小设备）温度相同。

1 华氏度等于 5/9 摄氏度。两套温标在 −40 度时取得了一致：−40°C =−40 °F。

降温

很少有人能理解冰箱或空调降温的原理。你不可能给空气"加点儿冷"，只能将空气中已有的热量去除一部分。使用喷雾罐的时候，你会发现一个有趣的现象：按下喷嘴的时间越长，罐子就会变得越冷。原因很简单：你按下喷嘴时，罐子里的压力降低了；压力越小，分子就越不活跃，气体温度自然也越低。当然，片刻之后，罐子吸收了周围空气的热量，又会重新变暖。

冰箱的原理也一样，不过它的控制系统更加精妙——而且将化学物封闭在机器内部，以备循环使用。液态二氧化碳或氟利昂之类的物质通过压缩管流经喷嘴，进入空间更大的管子里；在这里，气体迅速膨胀，在短时间内变得很冷；冰箱里的空气从这些管子外面

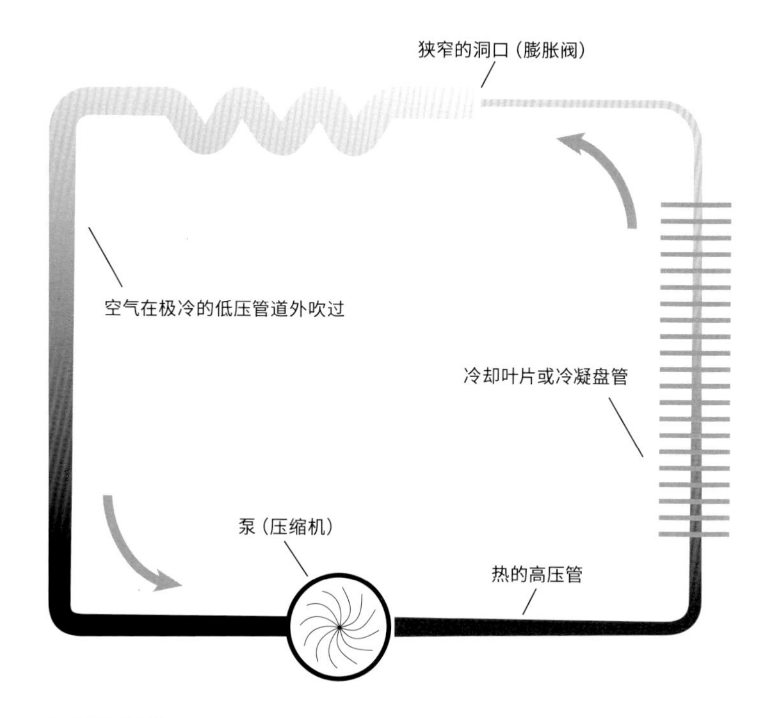

▲ 冰箱制冷过程

吹过，将热量传递给管内比冰还冷的气体，于是你的食物周围（或房间里）循环的空气变得更凉。升温后的气体被排出管外重新压缩，此时它会变得很烫；然后气体流经冷凝盘管，将热量释放到房间里（或者外面）。气体流到盘管末端时已经恢复到室温（而且大部分都变回了液体），但仍保持着高压，准备进入下一次循环。

你的食物或房间冷却下来的同时，空气中的水分也被挤了出去——降温伴随着除湿。温度越低，空气里能容纳的水分就越少，所以冰冷的管子周围总有水汽富集（这种现象叫冷凝）——这是热量引起的另一种相变。

因为冷空气里蕴含的湿气更少，所以温带地区的山地降雪量远高于南北极。南极洲几乎是一片沙漠，那里的空气异常干燥，降水量甚至比不上美国亚利桑那州的凤凰城！

有趣的是，水（我们的身体、我们吃的食物，以及我们居住的这颗星球表面大部分都是由水构成的）会随着温度的降低而微微膨胀。这非常特别，因为其他大部分物质冷却后都会变得更加致密。地球上的生命之所以如此繁荣，水的这一特性功不可没——归根结底，与水相比，冰的面积更大、密度更小，所以它会漂浮在水面上，而不是沉在水底；所以水体结冰是从上往下的，严寒冻结了水面，但水底的鱼儿和其他植物也因此得到了保护。

不幸的是，尽管冰的体积只比水大 9%，但这足以在某些地方造成严重的破坏。如果水漏到某条细缝里结了冰，那它膨胀的力量足以撑开岩石和水泥；金属管道可能被涨破，玻璃可能被挤碎。最惨的是肉和蔬菜之类的有机材料，你以为它们十分柔韧，但实际上，锋利的冰晶会撕开脆弱的细胞膜，破坏细胞内容物。等到解冻以后，食材原本的风味已经丧失殆尽，只剩下黏糊糊的一团，令无数满怀希望的厨师深感沮丧。

寒冷地区的居民都知道，气温在 0°C左右时，你踩在雪地上几乎不会发出任何声音，因为冰晶之间会形成一层极薄的水膜，它可以提供润滑，减少摩擦。要是气温远低于 0°C，那么这层水膜就会消失，人踩在雪里总会发出吱吱嘎嘎的声音。

1923 年，发明家克雷伦斯·伯宰发现，将薄鱼片快速冷冻，生成的冰晶尺寸会小很多，分布也更加均匀，可以最大限度地减少细胞损伤。除了鱼片以外，这种方法也同样适用于其他食物。到了 1928 年，美国人每年购买的冷冻食品已经超过一百万磅。从理论上说，速冻食品可以无限期地保存下去，但是如前所述，就连冰块也会蒸发，冷空气所到之处，湿气会慢慢逃逸，到了最后，冻在冰箱里的东西会干得惨不忍睹，组织也会遭到破坏。

当然，如果你想以极快的速度冷冻某样东西，那就得把它放到比冰还要冷得多的环境中去。比如说，你可以用冷冻的二氧化碳（CO_2，又叫干冰）来降温。1834 年，法国科学家查尔斯·梯劳里厄首次成功转换了二氧化碳的物相：他先把二氧化碳气体置于极高的压力下，从而大幅提高它的沸点，然后释放压力，完成快速降温，于是气体直接凝华成了固体。这个过程听起来很简单，不过在当时，此类实验相当危险；在试验中，他们的装置曾发生爆炸，梯劳里厄的一位助手因此失去了双腿。

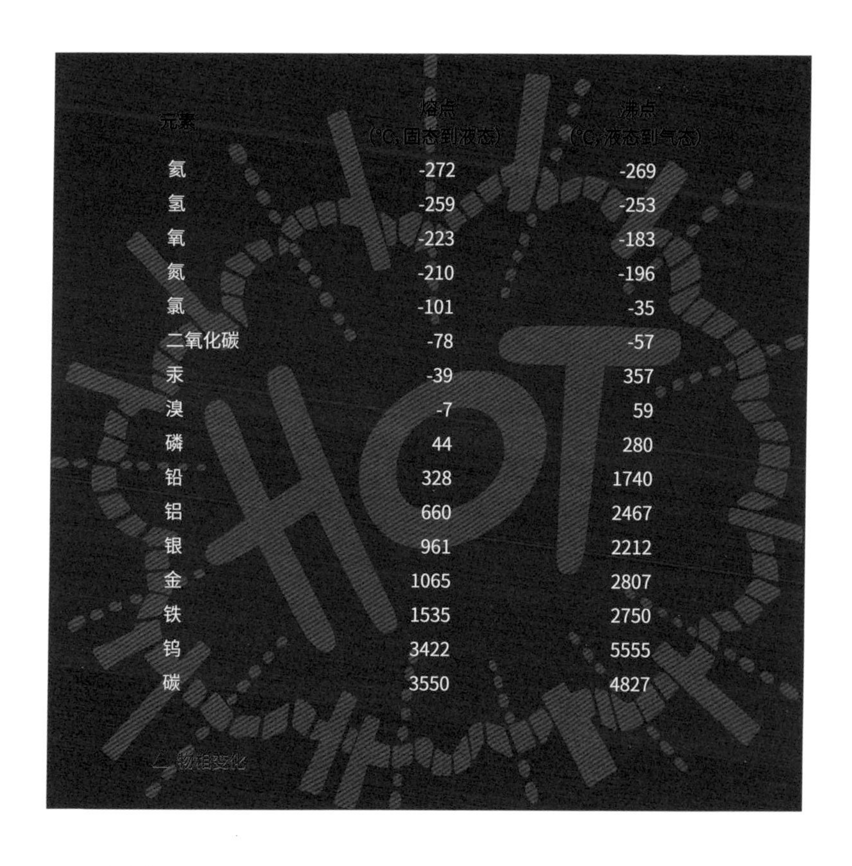

元素	熔点（°C，固态到液态）	沸点（°C，液态到气态）
氦	-272	-269
氢	-259	-253
氧	-223	-183
氮	-210	-196
氯	-101	-35
二氧化碳	-78	-57
汞	-39	357
溴	-7	59
磷	44	280
铅	328	1740
铝	660	2467
银	961	2212
金	1065	2807
铁	1535	2750
钨	3422	5555
碳	3550	4827

△ 物相变化

你可以在杂货店里买到干冰，不过请不要碰它：干冰的表面温度低至 -79℃（-110℉），足以摧毁你的皮肤细胞，造成冻伤。不过你可以把它放在容器里，随着固体二氧化碳慢慢蒸发成无害的气体，容器会在一段时间内保持冰凉。

寻找零度

干冰的熔点是 -79℃，这个数字看起来寒冷刺骨，但在 1983 年，南极沃斯托克科考站外的温度计降到了 -89.2℃，这是地球上有记录的最低的自然温度。这颗星球上肯定还有更冷的地方，只不过没被我们记录下来。

在 -100℃的温度下，橡胶轮胎会冻结——废品回收人员很清楚这一点，他们会在低温下将废旧轮胎敲碎，好重新做成其他东西。温度再降低 80℃左右，我们呼吸的氧和氮也会液化；再冷 40℃，到约 -219℃时，它们会变成固体。

液氮和液氧有很多用途，因为它们会在一瞬间将碰到的任何物体冷冻起来，完美保存物体当时的状态。低温生物学家常常会把精细胞、干细胞以及其他很多动植物组织无限期地保存在 -196℃的低温下，解冻后的损失也很小。既然冷冻细胞已经是家常便饭，那么能不能冷冻器官乃至整个人体呢？ 20 世纪 60 年代早期，一位日本研究者将一些猫脑冷冻保存了几天、几周甚至几个月。研究者把猫脑放在一种类似血液的物质里小心地解冻以后还探测到了这些脑子发出的信号，与原来活着的时候发出的脑信号非常相似，尽管时间很短。

实验的结果相当令人振奋，同时也令人有些不安。以此为基础，人体冷冻专家将数百具人类身体保存在液氮中，希望未来的技术能让他们重新苏醒。有的客户选择了只保存脑部（在死后尽快将脑子取出来），他们认为未来的文明也许能培育出一整具身体，可以把脑子直接移植过去，甚至能以原来错综复杂的神经元结构为蓝本，制造出全新的脑子来。

“脑冻结”（又叫“冰激凌头痛”，学名“翼腭神经节疼痛”）产生的原因是冰冷的食物触及口腔上颚，导致毛细血管收缩，随后又快速舒张，于是三叉神经就会向脑部发送疼痛信号，让我们感觉到痛。三叉神经是面部的一条主要神经。

压缩液态空气还有个好处：一旦被释放，它会在极短的时间内沸腾，变成气体——甚至可能爆炸。1926年，美国物理学家罗伯特·戈达德找到了控制这一反应的方法，将液态空气转化为火箭推进剂——时至今日，NASA和其他国家的宇航局仍在利用这一技术来发射卫星、将宇航员送上月球、推动航天飞机去往国际空间站。显然，通过精密的控制，寒冷可以产生极大的力量。

当然，太空里某些地方比地球上冷得多。冥王星地表温度约为-223℃，月亮背面的环形山温度甚至可能更低。太空看起来如此寂静而冰冷，在那遥远的星系之间，连恒星的光芒也无法抵达；不过，天文学家在这片“虚无”中发现了持续而惊人的“背景辐射”，温度大约是-270℃——或者说是更好记的2.7开氏度。宇宙诞生、成长的秘密也许就隐藏在这神秘而无所不在的背景辐射之中。

大爆炸发生在大约137亿年前，爆炸发生后的一小段时间内，相对狭小的宇宙空间里挤满了物质，它们向外释放极强的光和热。天体物理学家相信，无所不在的微弱背景辐射正是大爆炸初期留下的遗迹，就像炉子熄灭以后很久，炉膛依然留有余温。奇怪的是，通过进一步的观察，他们还发现，宇宙某些地方的温度要高一点点，另一些地方则要低一点点——比如说，某个点的背景辐射可能是2.7249K，而另一个点则是2.7250K。这样微妙的差别可能是时空连续统膨胀造成的量子波动带来的结果。换句话说，宇宙原初的那个“大火球”里肯定有的地方滚烫，有的地方相对没那么烫，随着宇宙冷却、膨胀、越来越均匀，最初的差别仍有一部分被保留下来。

这个温度足以冻结几乎一切事物，除了氦以外。氦的熔点是0.95K（-272.2℃，-458℉）——很长一段时间里，这是横亘在科学界面前的终极挑战。1908 年，荷兰物理学家海克·卡末林·昂内斯花费整整 13 个小时，通过缓慢的降温，将氦凝结成了液态，这项实验他准备了足足 7 年。同样是在 20 世纪最初的那十年，另一批探索者正在努力试图到达地球的极点。卡末林·昂内斯借用他们来解释自己对这项实验的热情："（冷冻氦气）就是物理学界的极点，它对

▲ 宇宙中已知最低的自然温度出现在回力棒星云，这团领结状的弥散气体是离半人马座大约 5000 光年的一颗垂死恒星释放出来的。你或许觉得这样的爆炸一定会产生大量的热，但事实上，气体急速爆炸、弥散到太空中只会产生相反的效果，就像冰箱里的扩径管一样。所以，这团气体的温度只有大约 1K

科学家有着致命的吸引力，正如南极和北极对探险者的诱惑。”

怪事来了

努力接近绝对零度的旅程就像一场噩梦：你拼命想跑快点儿，结果却事与愿违。我们知道，0K（–273.16℃）是个无法抵达的绝对终点——它是物理上的极限，就像光速一样。在绝对零度下，所有原子和亚原子层面的活动都将停止，所有粒子都会静止下来，能量也会变成零。按照目前我们对科学的理解，达到绝对零度将违反量子物理的一条基本定律，即海森堡的不确定性原理。按照这条原理的表述，我们无法同时确定任意粒子的位置和动量，其中包括电子。

面对此类的渐进极限，每靠近一步都会变得更困难。对于绝对零度而言，你努力试图除掉更多热量，结果却开始产生热量。但是，这个目标值得我们去努力，因为极冷的世界里藏着一些惊人的现象。

要想进入这个王国，简单的压缩和膨胀远远不够，你需要更聪明的降温方式。比如说，蒸发一般会降低表面温度，所以人类在天气炎热时会出汗来降温。你也可以利用微弱的电荷在两片金属板之间制造温差，借此吸收热量，很多便携式野营冷却器都采用了这种结构。可是，当温度降低到1K以内时，激光才是冷却原子的最佳工具。

激光冷却技术从20世纪80年代中期开始出现，具体又分为多普勒冷却、西西弗斯冷却等多种技术，所有技术都会使用两束或两束以上的高能激光照射一小团原子。激光的电磁波长经过精心调制，科学家用光子轰击原子，使之朝着某个特定的方向。诺贝尔奖得主、美国物理学家卡尔·威曼是激光冷却技术的发明者之一，他

温度

绝对至高温度（普朗克温度）1.42×10^{32}K

强子熔化成夸克－胶子等离子体的温度 2万亿开

大爆炸后1秒时万物的温度 100亿开

热核武器峰值温度 3.5亿摄氏度

日核温度 1500万摄氏度（2700万°F）

闪电 28000°C（50000°F）

地核 6650°C（12000°F）

太阳表面 5500°C（10000°F）

灯泡里的灯丝 2500°C（4600°F）

岩浆 1100°C（2000°F）

木柴的火焰 900°C（1650°F）

杜雷柏点（几乎任何固体材料开始发出可见光的温度）525°C（977°F）

铅的熔点 328°C（621°F）

厨房炉子 288°C（550°F）

纤维素基质的纸书燃点 233°C（451°F）

水的沸点 100°C（212°F）

地球上有记录的最高荫温 58°C（136°F）

人类体温 37°C（98.6°F）

室温 20°C（68°F）

水的冰点 0°C（32°F或273K）

温度计内的水银冰点 －39°C（－38°F）

地球上有记录的最低气温 －89°C（－129°F）

酒精的冰点 －114°C（－173°F）

汽油的冰点 －150°C（－238°F）

氧的沸点 －183°C（－298°F）

冥王星上的温度 －220°C（－364°F）

月球上最冷的地方 －228°C（－378°F或45K）

宇宙微波背景辐射 2.725K

已知最冷的自然温度（回力棒星云）1K

人类测得的最低温度 100pK

绝对零度 0K（－273.16°C或－459.64°F）

注：本页有多条是约略值，因为温度可能变化

把这个过程描述为“就像在一场雹暴中奔跑，无论你朝哪个方向跑，冰雹总会不断砸在你的脸上……于是你只好停下脚步”。

如果太阳熄灭了，地表温度将冷却到 -220°C左右，只能依靠地核带来的一丝暖意。

20 世纪 80 年代，科学家成功将温度降到了千分之几开氏度，到了 20 世纪 90 年代，他们进一步降低了原子速度，将温度降低到了百万分之几开氏度，然后是千万分之几，我们也因此获得了观察微观世界的新视角。马里兰大学物理学教授路易斯·欧若克在 NOVA 的一部纪录片里解释说 :“假如我问你 :‘一辆汽车以每小时八九十千米的速度在高速公路上驶过，你能告诉我它的把手是什么样的吗？’你肯定什么都答不出来。但是，如果汽车的速度很慢，那你也许就能告诉我 :‘哦，好的，把手是这种样式，那种颜色的……’原子在室温下的运动速度大约是 500 米 / 秒。现在我们在实验室里可以比较轻松地将温度降到 200 微开，在这个温度下，原子的运动速度变成了大约每秒 20 厘米。它不再从你眼前飞驰而过，而是显得有些慢吞吞的，于是你可以看到原子的许多细节和内部结构。”

但是，后来我们发现，在极低的温度下，原子的行为会变得十分古怪——不光让我们得以一瞥物质的本质，还带来了一些出乎意料的技术进步。比如说，有的金属导电性更强，但有的金属在极低的温度下会变成超导体，例如铅和碳 60。超导体不光能导电，而且不会造成任何阻碍——超导线圈中的电流永远不会衰减。

我们还不清楚超导体的卓越特性来自哪里，看起来似乎是这样的 : 随着温度降低，原子振动减弱，电子就更容易从中滑过。事实上，电子似乎会配成对，拉扯着彼此向前运动，尽管它们平常总是相互排斥。

无论超导体的能力来自何方，它让我们得以制造出非常强大而精确的磁铁——今天，工程师用这样的磁铁来驱动 MRI 扫描仪和粒子加速器。基于超导技术的磁悬浮列车仍处于试验阶段，但在日本的一项实验中，磁悬浮列车的速度达到了 581 千米 / 小时，打破了火车速度的世界纪录。未来某日，我们的整个电网或许都会换成超导材料，根据估算，110 千克的超导电线就足以取代 8100 千克的铜线。

超冷原子的第二个特性是，它们可能变成超流体——也就是说，温度降低到某个点以后，液氦中的原子就会开始无视摩擦力。如果你让超流体转动起来，那它永远都不会停止；但如果你转动的是盛放它的容器，那么容器里的超流体却不会随之旋转。容器上就算有极小的孔洞也足以挡住普通液体，但超流体却会从里面漏出来。最奇怪的是，由于超流体也有表面张力——和所有液体一样，它和玻璃容器壁之间有微弱的引力——实际上，它会沿着杯壁慢慢地爬到容器外面，就像某种擅长越狱的半透明生物。

无限接近绝对零度的世界里埋藏着太多不可思议的事情，超导体和超流体不过是开胃小菜而已。1995 年，物理学家卡尔·威曼和埃里克·康奈尔正在为一小团铷原子降温，然后他们迎来了突破性的时刻：铷原子突然出现了相变——不是变成液态或固态，而是一种全新的、人类未曾见过的物态。

为了理解这种新的物态，我们需要回溯到 1924 年。当时，阿尔伯特·爱因斯坦和印度物理学家萨特延德拉·纳特·玻色提出，单个原子在接近绝对零度时会出现不可思议的变化。按照量子力学，所有原子都具有波（能量）粒（物质）二象性。接近绝对零度时，原子的行为更类似波，而不是粒子；而这些波会变得越来越长，直到互相重叠，突然表现得像单个的波一样——也就是说，所有原子合在一起，变成一个“超原子”。

威曼和康奈尔在实验室里创造出的这种新状态就是玻色 – 爱因斯坦凝聚态（BEC），它被称为“寒冷的圣杯”。和量子物理学的所有东西一样，BEC 充满了反直觉的神秘感。原子依然存在，但它们的尺寸——甚至可以说是它们的意识——以一种我们尚未理解的方式发生了膨胀。

BEC 的性质和其他所有材料都不一样。原子的振动微弱却和谐，仿若一体；就像在原本小得看不见的原子上加了一个放大镜，突然之间，我们得以在“宏观”层面上观察它们。1998 年，哈佛大学的物理学家莱娜·韦斯特高·豪发现，她可以将一束激光射入数百万个钠原子组成的 BEC 里，将光速降低到 68 千米 / 小时——与 30 万千米 / 秒的原始光速相比，这无疑是个巨大的进步。几年后她重新调制了 BEC 的成分，成功将特定波长的激光彻底冻结，然后又将它重新释放。

这个实验的原理如下：光脉冲被转化为凝聚态内的全息图像，制造出一份物质层面的拷贝，可以实质性地从一团 BEC 传向附近的另一团 BEC，就像传递一个文件袋一样，完成这一步以后，全息图像再次转化为光。实验背后蕴藏着惊人的可能，未来的量子计算机或许靠光来供能，无须依靠电力。

从另一个方面来说，这些微小的凝聚态也可能发生爆炸，类似缩微版本的超新星爆发。科学家们借用 20 世纪 60 年代的巴西流行乐，称之为“玻色新星”。

如果环境温度比纳开还低，那么会发生什么？我们仍在探索。2003 年，诺贝尔奖得主沃尔夫冈·克特勒用磁铁将一团钠原子云囚禁在阱中，然后，他在麻省理工学院的团队利用激光将这团气体冷却到了 500 皮开，即 5×10^{-10}K。

赫尔辛基理工大学低温实验室的物理学家尤哈·托瑞涅米将一小片铑金属降低到了 100pK（1×10^{-10}K），但今天的超低温研究者全心关注的是下一次突破——10^{-15}K，比建立玻色 – 爱因斯坦凝聚态所需的温度还要冷几百万倍。在这个充满惊喜的国度，科学家迫不及待地想要知道前面还有什么大发现，要知道，量子物理总会毫不留情地颠覆我们的日常经验。

热情如火

很多人错误地认为，热量总会上升，但实际上是密度大的物体下沉，把密度相对较小的物体挤开了——所以一般情况下，较轻的物体会浮起来，就像饮料里的泡泡。无论是房间里的空气还是地壳内的岩浆，情况都同样如此。当然，密度的区别是热量造成的。大部分物质受热后会膨胀，随着原子和分子的舞动，物质的密度也随之降低。（我们之前已经知道，冰是个例外，同样例外的还有硅。不过与其他大部分材料相比，它们是极少数。）

无论如何，固体不太容易受到热量的影响。但谁都知道，用热水冲洗拧得很紧的金属瓶盖，盖子就好开多了——热量会让金属膨胀，哪怕只有一点点。如果周围的环境温度可能出现剧烈的升降，那么工程师在设计铁轨和桥梁时就必须考虑这种效应。天气炎热的时候，钢梁可能伸长几毫米，如果没有留出膨胀余量，那么它可能会弯曲。

液体和气体拥有足够的活动空间，较冷的部分会下沉，获得热量后则上升，然后损失热量，再次下沉，由此形成对流。这样的循环在烹饪中尤其有用，不过它在地球上的其他地方也相当普遍：天气模式、洋流循环、烟囱里冒出的热煤烟。显然，热量不但会引发微观层面的运动，在宏观层面上也同样动力十足。

在某些情况下，只要添加足够的热量，还会出现更多的变化。液体沸腾，强行将分子分开，让它们变成气体飞起来。就连固体也会发生剧变。把一张纸盖在高温热源上方，这些被压平的植物纤维会发生颠覆性的转变：温度上升到 150℃（300℉）左右时，纤维素组成的纸张开始分解成气体。我们通常把这种氢气、氧气和碳微粒的混合物叫作烟。释放的微粒越多，烟就越浓。当然，纸张中的部分物质需要更高的热量才会燃烧，所以会有部分材料残存下来，这些黑黑的东西叫作“炭”。

如果再增加热量，惊人的一幕就会出现：纸张和气体中的各种分子过于亢奋，于是它们开始分解成原子，然后原子又迅速重组成二氧化碳、水蒸气和其他分子。这些化学反应快得让人眼花缭乱，它会带来有趣的副作用：产生更多的热。所以到了这时候，即使你移除最初的热源，新生成的炽热气体也会导致更多分子破裂。只要有足够的燃料和氧，那么热量就会推动化学反应一路向前。显然，我们都知道，这一系列惊人的反应有一个简单的名字：火。

科幻作家雷·布莱伯利在1953年出版的一部经典之作中描述了一个靠焚书为生的男人，这部作品的名字就叫《华氏451》。当然，这本书的名字也可以换成公制的《摄氏233》。这是木浆纸的燃点。

数千年来，人类一直觉得火非常神奇，它一定是从神那里偷来赐给我们的非凡礼物；它又如此重要，所以古人将火和土壤、空气、水一起并列为四大基本元素。现在，我们知道，火只是物质从一种状态变成另一种状态，而我们看到的火焰不过是气体和粒子在高热下发出的光芒。

事实上，任何物质在温度达到525℃（977℉）以上时都会发光，所以这个温度被称为“杜雷柏点”，得名于首次发现这种效应的19世纪美国化学家约翰·威廉·杜雷柏（巧合的是，杜雷柏对摄影也很着迷，他首次拍出了清晰的女性面孔照片，第一张月球照片也出自他手）。确切地说，温度低于525℃的物质也会发光，不过都是我们看不见的红外线。温度上升到杜雷柏点时，光波携带的能量已经足以让我们看见微弱的红光。继续升温到725℃（1337℉）时，部分物质的光芒会变得十分耀眼——也就是我们常说的“炽红”。

炽红的温度很好记，1000K。3000K时物质就会发出明亮的橙光，而到了6000K，它会变成黄白色。猜猜太阳表面的温度是多少……对啦，正是大约5800K。如果太阳表面的温度再高一点儿，它就会变成亮白色，甚至——10000K时——蓝色。这套色彩的谱系叫作黑体辐射，它描述的是热能如何部分转化为空间中不停运动的电磁能量，即光子。有运动的地方就有热，有热就有光。

当然，有的火焰温度极高，但我们却看不见——或者说，几乎看不见。纯氢在氧气中燃烧生成水蒸气，它的火焰是透明的；纯乙醇燃烧的温度极高，蓝色的火焰在白天明亮的光线下几乎不可见。此外，不同的化学物在受热时会产生不同的颜色，所以木头燃烧的火焰才会拥有丰富的色调。有时候火焰的颜色也不能说明全部问题：从理论上说，火柴根部的蓝色焰心温度高于黄色的外焰，但出于现实层面的各种原因（例如气流），一般情况下颜色更深的外焰更容易点燃蜡烛。

“按照惯例，甜就是甜，苦就是苦，热就是热，冷就是冷，颜色就是颜色。但事实上，真实存在的只有原子和虚空。也就是说，我们认为物体带来的感觉应该是真实的，而且人们习惯性地认为它们是真实的；但事实并非如此，真实的只有原子和虚空。”

——德谟克里特，希腊哲学家

绝对至高温度

对我们大部分人来说，蜡烛的火焰就足够暖和了，不过在热的谱系中，这仅仅是个起点。因为热不过是能量的另一种形式，所以让物体升温的方法有很多，你可以直接对它通电，也可以利用微波加热。

要想加热气体，你可以采用压缩的方法，压缩还能降低气体的沸点，所以它可能会回到液态。如果施加足够的压力和热量，你可能创造出超临界流体——这种流体还不足以获得全新物态的地位，但它的确拥有一些惊人的特性。

比如说，超临界流体可以像液体一样充当溶剂，又能像气体一样流过半多孔的固体。举个例子，你可以将一把咖啡豆塞进高压无毒的热二氧化碳（CO_2）流体中，超临界流体会浸透咖啡豆，把里面的咖啡因提取出来。然后释放压力，CO_2瞬间蒸发，留下无咖啡因的豆子以供烘焙。超临界流体可用于干洗、基本的油萃取、染色等领域。

不过，如果将气体进一步加热，那么它将进入全新的第五种物态：等离子态。起初你或许会觉得气体和等离子体并无区别，但后者含有大量的电离原子——它们非常活跃，脱离了原初分子的羁绊甚至失去了部分电子，就像过度兴奋的狂欢者丢掉了所有警觉。

这种高温正离子与负电子的混合物会表现出一些有趣的特性。首先，你可以对它通电，这就是霓虹灯、等离子电视和荧光灯的发光原理：打开电源，气体中的分子变成超热的等离子体。幸运的是，这些气体的压力很低（所以亢奋的原子数量不太多），所以封闭在灯泡内部的总热量不高，不会熔化周围的东西。

在等离子体发光的应用中，我们看到的颜色并非源自灯泡产生的热量，而是等离子体激发玻璃上涂抹的化学物让它们产生的荧光。不过也有其他案例，等离子体内部的原子和电子重新结合起来，直接释放出明亮的光芒和大量的热。等离子切割机会通过喷嘴释放出高速带电的等离子气流，足以切开 15 厘米厚的钢铁。

有一团等离子体我们大家都很熟悉：太阳。事实上，所有恒星都由等离子体构成。更奇怪的是，自由飘浮在行星与恒星之间的低密度气体基本也是等离子态的。天文学家估计，宇宙中大约 99.9% 的可见物质都是等离子体。

但是，超热的物体不一定就是等离子体。地核的温度高达 6650℃，比太阳表面还热，引力将数千千米内的原子紧紧束缚在一起，创造出极高的压力，所以虽然地核很烫，但它却是固体。质量越大，产生的热也越多，根据科学家的估计，木星的地核温度可能高达 20000℃。

不过跟原子弹爆炸或者核反应堆相比，这样的温度只能算冷水澡；核裂变的温度可达几百万度，在这个过程中，铀之类的重原子会分裂成较小的原子。然而在某些时候，裂变也显得微不足道，于是我们终于看到了宇宙中真正的力量：聚变。

太空中飘浮的大量氢气和氦气在引力作用下汇聚成一个足够小的球体，原子开始越来越快地发生碰撞。当压力和温度达到一定程度，比如说，大约1000万开氏度（确切地说，是大约1800万开）时，氢原子会彼此融合，原子核互相结合，形成一个新的氦原子。听起来简单，但这个过程会释放大量能量——我们这里说的“大量”，指的是数量级超乎想象的天文数字，聚变最终创造出一个耀眼的火球，我们称之为恒星。

日核的温度大约是1500万开（2700万华氏度），每秒大约消耗6亿吨氢。这意味着46亿岁的太阳如今刚到中年，大约再过40多亿年，它就会燃尽。

不过，聚变也可能发生在地球上，这就是氢弹的原理：裂变原子弹向内压缩一小团准备好的氢，裂变产生的高热迫使氢产生聚变。氢弹产生的温度可达1亿开以上，带来的后果是毁灭性的。不过，如果我们能够控制聚变——甚至更进一步，不需要放射性爆炸的高热、在较低的温度下引发聚变——那就意味着有取之不尽的能源。这个诱人的前景是当代科学家魂牵梦萦的目标之一。

正如木星比地球大一样，宇宙中也有很多比太阳大得多的恒星。“天堂”的光谱分析数据告诉我们，太空中某些恒星的表面温度是太阳的五万倍，它们的核心温度可达20亿开。从理论上说，恒星的体积和温度还能达到更高的数值，但这些核熔炉创造出来的不只是光和热，恒星的最高温度受限于一种非常非常小的东西——中微子。

中微子又小又滑，它能以近光速穿过几乎所有物体。太阳每秒钟大约会释放出2×10^{38}个这样的小家伙（也就是200万亿万亿万亿个），其中大约650亿个会穿过地球，它们的踪迹真真正正遍及地

《启示录》21：8中提到，地狱里有一片硫黄火湖。在海平面上，硫黄加热到444.6℃就会沸腾变成气体。不过在地底深处的高压下，硫黄可以在1040℃的高温下保持液态。

▲ 大型强子对撞机

球每一个角落。就在此刻，数万亿中微子正在穿过你的身体。无论是白天还是晚上，无论太阳是否照耀着地球的另一侧，中微子时时刻刻都在地球上穿行，在原子之间漫游，不会造成任何影响，也不被任何事物影响。

中微子固然很小，但它也会带走恒星的一点点能量；等离子体的温度达到约 40 亿开时，原子的能量极高，制造中微子的过程实际上会显著降低恒星的温度。所以，如果恒星的质量够大、温度够高（达到约 60 亿开），那么高热会导致大量中微子被释放出去，恒星本身则会坍塌，随后发生爆炸，形成壮观的超新星。所以，60 亿开实际成了恒星的温度上限。

不过，超新星爆炸期间，事态陷入疯狂，关于温度的所有限制都已失效。1987 年，天文学家观察到了大麦哲伦云（银河系外只有两个星系近得足以被我们的裸眼看见，大麦哲伦云就是其中之一）的一次超新星爆炸。通过仔细的分析，他们确定了这场爆炸内部的温度大约是 2000 亿开。

那么，它就是宇宙里最热的东西吗？还差得远。事实上，只需要坐一趟飞机，你就能找到更热的地方。

就像走火入魔的精神分析学家一样，很多物理学研究者坚称，要真正理解我们的宇宙，唯一的办法就是回溯到它的婴儿期，看看在宇宙诞生的最初几秒内发生了哪些疯狂的事情。那时候的宇宙一定很烫很烫，温度可能高达几万亿度，相比之下，超新星也显得黯然失色。在那样的超高温下，原子不但会失去电子，也不仅会分裂成质子和中子，还会熔化成夸克和胶子组成的等离子体——就像一锅原初的基本粒子组成的沸汤。

为了验证这套理论，纽约长岛布鲁克黑文国家实验室相对论重离子对撞机项目组的物理学家利用地下的巨型圆环将重金属金离子加速到了光速的 99.99%，并让它们彼此相撞，结果在极小的空间内产生了极大量的热。2010 年，他们创造出了 4 万亿开氏度的高温（超过 7 万亿华氏度），刷新了温度纪录。实验创造出了夸克－胶子等离子体，证明了先前的假说。不过，科学家们还惊讶地发现，最后得到的物质更类似“夸克汤”而不是气体。随后的计算表明，要把这锅“汤”煮沸，可能还需要上百万倍的热量。

目前，在瑞士日内瓦的郊区，CERN（欧洲核子研究中心）的大型强子对撞机正在试图达到这个目标。通过撞击沉重的铅原子，科学家已经得到了上万亿度的高温，还要多久我们才能突破千万亿或百万万亿度呢？

无论如何，温度存在理论上的极限。我们知道，粒子越热，运动速度就越快。但爱因斯坦还指出，随着粒子的速度不断逼近光速，它的质量也会随之增加。如果持续升温，那么温度高到一定程度的时候，物质的每一个粒子都会变得过于致密，以至于坍塌成一个个黑洞，导致……呃，几乎所有东西都遭到破坏。德国物理学家马克斯·普朗克计算得出，这个理论上限大约是 1.4×10^{32}K，也就是 140 百万百万百万百万百万度。至少在我们这个宇宙里，这就是绝对的至高温度。

▲ 马克斯·普朗克

创造者和破坏者

几乎所有宗教传统都会不约而同地提到，干净而神圣的温暖创造了生命——但与此同时，温暖同样会带来惩罚与毁灭。热是创造者，你身体内外的每一个原子都是恒星深处炼狱中的聚变产物，通常生成于超新星爆发的那一刻。不过热也是破坏者，它能撕裂元素，终结物质的某种形态，将之转化为另一种。

热同时还是移动者、摇晃者，它驱动能量辐射、灌注，促成宇宙中的各种反应。如果没有热，分子就无法结合在一起形成氨基酸和激发生命火花所需的其他基本结构，而维持生命——你的生命——所需的无数化学反应更是无从谈起。

1945 年，第一颗原子弹“三位一体”成功点火，释放的热量在新墨西哥州的沙漠中造出了一个宽 300 米的放射性玻璃环形山。目睹原子弹的巨大威力，物理学家罗伯特·奥本海默不禁想起了印度教经文《薄伽梵歌》中的字句：

> 即便是千个太阳的火焰
> 同时在天空中绽放，
> 也只不过是模仿上主的四射光辉……
> 我是死神，是世界的毁灭者。
> ——《薄伽梵歌》，11:12，11:32

无论如何，热意味着希望，每一位远足者在野外醒来时望着初升的朝阳，都会深深体会到这一点。可是移除热量、冷却元素同样会带来希望：灼热的白天终于过去，或者——在实验室里——再次看到新的可能性，让我们有机会进一步了解组成世界的基石。寒冷创造秩序，但极度的寒冷似乎又会催生新的无序，我们刚刚开始踏入这个领域。

我们都是从灰烬中重生的凤凰，沐浴在太阳的辉光之中——正如狄兰·托马斯的诗中所说："穿过绿色茎管催动花朵的力也催动我绿色的年华。"* 无论你从哪种角度去衡量，热都是一种生命的谱系。

印度教中的火神阿耆尼(Agni) 出自3500年前的经书《梨俱吠陀》，他代表着宇宙中最基本的生命力，是太阳与恒星的创造者，也是人们焚烧的祭品的接受者。阿耆尼吞噬、净化，其他生命才得以存活。阿耆尼或许还创造了另一些东西：拉丁语里的"ignis"("火")后来演化成了英语中的"ignite"("点燃")和"igneous"("从岩浆中生成")。

* 原文为"The force that through the green fuse drives the flower drives my green age"，一译"通过绿色导火索催开花朵的力量催开我绿色年华"。

时间 TIME

时间不停地滑向未来。

——史蒂夫·米勒

时间是我们的宇宙中最大的谜团，它如此宝贵，甚至有人将之奉为圣物；它又如此普通，常常被人们彻底忽视。它踪迹诡秘，似有还无，但又不可或缺。黄口小儿也能体会到时间的流逝，但与此同时，最杰出的科学家和哲学家却被诸多谜题深深困扰：时间的本质是什么？它如何起效？我们该如何衡量自己在时间那短暂而客观的韵律中的位置？

当然，只消看一眼手表，就足以解答目前你需要知道的关于时间的问题。可是，秒针的嘀嗒到底意味着什么？就在你读完这句话的时间内，我们的行星绕着太阳前进了300千米，42个婴儿呱呱坠地，你的笔记本电脑可以计算出棋盘上的4000万步。我们的一生也不过是由有限个几秒钟组成的，那么在这短暂的时间里，我们又能做些什么？说实在的，要理解时间，你必须抛开头脑中“短”和“长”的固有定义。你要知道，对亚原子粒子而言，百万分之一秒就已足够漫长，但若是站到宇宙级的高度，那么一百万年也不过是眨眼之间。

关于时间，我们唯一能确定的是，它与某种变化有关——如果没有变化，那么时间也不复存在。正如希腊哲学家赫拉克利特所说：“你不能两次踏进同一条河流。”（这句话还有另一个更常见、更富有诗意的版本：“人不能两次踏进同一条河流，因为它不再是原来的那条河，你也不再是原来的你。”）

谈论时间时，必须先澄清重要的一点：你讨论的是时间的哪个方面。比如说，时间的长度（花了一秒钟）与速度（在这段时间里，子弹飞行了 300 米）可以算是一体两面，而给特定的时间点命名，那又完全是另一回事（哔一声之后，时间是……中午）。的确，讨论时间并非易事，尽管如此，要理解宇宙，我们就必须对时间进行检验和测量。

测量时间

$\pi \times 10^7$ 秒约等于 1 年（确切地说，是 363.6 天），更准确的速记数是取 10 的平方根，再乘以一千万秒（大约正好等于 366 天）。不过，$\pi \times 10^{16}$ 秒大约等于十亿年。

大约一万年前，人类开始注意到自然界有三种有规律的循环：太阳每天东升西落，月亮每个月盈亏变换，而太阳在天空中的位置每年都会周而复始地变化。地球上的所有人都能体验到这些简单的事件，它们是时钟和日历的基础。

但是，早期的天文学家很快发现，一年不能被月相周期整除，而月相周期也不能被天整除，你可以想象，当时的他们是多么困惑而无措！事实上，每个月相周期大约持续 29 又 1/2 天，12 个月相周期加起来只有 354 天，而一个太阳年大约是 365 又 1/4 天。要在这些不规律的数字中找到平衡点，哪怕最虔诚的计时员也会失去耐心。

无论如何，早期苏美尔和巴比伦农业文明采用了 12 个月组成的简单阴历作为权宜之计，直到今天，阴历仍是伊斯兰宗教日历的基础。（所以伊斯兰教的节日每一年的日期都不相同；伊斯兰历法与太阳历之间每年都会有十一二天的偏差，大约每隔 33 年，它就会完成一次大循环，回到起点。）

犹太人和早期希腊人将阳历与阴历结合起来，创造出一套复杂的系统，实际上，它有些类似切分音：19 年组成一个大周期，其中 12 年由 12 个阴历月组成，而另外 7 年拥有 13 个阴历月，点缀在那 12 年之间。在犹太日历中，每隔两年或三年就会插入多出来的一个月，他们称之为“亚达月”。

早期基督教会完全抛弃了阴历，转而创造出罗马儒略历，后来又采用了更准确一点儿的格里高利历，也就是今天全世界大部分地区使用的公历。有人说，这样的改动完全是个阴谋，旨在剔除灵性中的女性成分（因为月亮被视为女性力量的标志）；另一些人则指出，教会之所以决定更改历法，是出于更现实的原因：离赤道越远，太阳季节就越重要，相比之下，月相循环显得无关紧要，因为月亮经常被云层遮盖，你可能根本就看不到月相。

奇怪的是，古埃及人在历法问题上做出的妥协似乎格外与众不同：他们把“月”取整为 30 天，于是 12 个月就是 360 天，对于当时采用苏美尔六十进制系统的数学家来说，这个数字相当完美。说到底，如果数学的主要用途是划分地块、清点市场上的货物、计算一年内的天数，那么六十进制相当好用，因为它可以被很多数字整除：2、3、4、5、6、10、12，等等。在没有计算器的情况下，60 是个很棒的数字，360 是 60 的延伸，所以它也很棒。事实上，亚洲仍有一些社群会用拇指掐点同一只手其他手指的指节来计数（最多可以数到 12），然后用另一只手来记录循环次数（最高可以记到 5），合计 60。

所以难怪人们会采用这套系统：1 年分成 12 个月，白天和黑夜各自分成 12 等份，于是两次日出之间相隔 24 小时。1 小时又可以轻松分成 60 分钟，1 分钟分成 60 秒，3600 秒组成 1 个小时，正如一年有 360 天。一切看起来都很完美，直到埃及人意识到，他们还需要额外的五六天才能组成真正的一年。最后，他们很不情愿地把

你应该知道，每过四年就有一个闰年，这一年需要添加一个闰日，也就是 2 月 29 日。你或许还知道，每隔 100 年，历法就要省略一次闰日。但是，你是否知道，每隔 400 年，你又得把闰日加回去一次？所以 2000 年是闰年，但 1900 年却不是。而且别忘了：第一，每隔 4000 年你还得省略一次闰日；第二，如果某个以“00”结尾的年份在除以 900 以后，剩下的余数是 200 或 600，那么它也是闰年。

问：哪一年的 10 月 4 日（星期四）后面紧接着就是 10 月 15 日（星期五）？
答：格里高利教皇启用新历法的 1582 年！

这几天加进了历法里，看起来很像是狗尾续貂。

地球绕地轴旋转的周期是23小时56分4秒（86164秒），这是它的恒星周期（相对于背景的恒星完成一次完整转动的时间）。可是，我们对“日”的定义是太阳回到同一位置所需的时间，它比地球的恒星周期长4分钟左右，这是因为地球不光在自转，还在绕着太阳缓慢地公转。

日、月、年多少都遵循天文间隔，不过七天组成的一周或许才是至高无上的，因为它是唯一完全来自《希伯来圣经》的计时单位。《出埃及记》20：9～20：10里清晰地写道：“六日要劳碌，做你一切工作。但第七日是耶和华你的神的安息日。”不过，除了《圣经》的指示以外，七天组成的一周并无特殊之处，其他文化里也有天数不同的周，包括四天、八天甚至十天。

一周十天的系统很适合“通用度量时间”的拥趸，他们希望把每个月分成三周，每周十天，每天十小时，每小时100分钟，每分钟100秒。听起来似乎很荒谬，可实际上我们今天使用的钟表也同样蛮横无理。在法国大革命掀起的再发明浪潮中，通用度量时间获得了不少支持者，但这个想法——包括它提出的“厘日、毫日、微日”等计量单位——很快就遭到了抛弃，部分是因为19世纪早期的基督徒认为，没有安息日的通用度量时间实在令人生厌。

1998年，斯沃琪制表公司（Swatch）发明了互联网时间，又叫“拍”。这套系统把一天划分成1000等份，这意味着1拍等于1分钟26.4秒。互联网时间的“零点”被称为“@000”，它开始于中欧冬令时的午夜。

从那以后，科学家不再尝试彻底改造时间的计量系统，而是努力推动现有的计量体系朝着更精确的方向前进。1954年，国际计量大会做出决定，1秒应该精确地等于1个平均太阳日的1/86400。不过科学家认为，这个定义还是不够牢靠——说到底，大规模的地质事件可能改变太阳日的长度——所以他们仍在现实世界中寻找通用标准。最终，他们将1秒定义为一个在宇宙任何角落都能复现的值：铯133原子在受热时会释放或吸收特定频率的微波，那么9192631770个这样的电磁波通过某个点花费的时间就是1秒。是的，这就是1秒的定义，1967年的国际计量大会通过的这个定义只有科学家才会喜欢，不过，它奠定了超高精度时间测量的基础。

今天，世界上最精确的时钟只存在于实验室里，它需要由身穿白大褂的专业人员操作，只能在接近绝对零度的环境下运行；这种装置拥有多个激光组件，通过磁阱来操纵电子的旋转。今天，最前

图片来源：www.metas.ch

▲ 瑞士联邦度量衡鉴定局（METAS）的 FOCS1 铯喷泉原子钟

沿的物理学家基于量子逻辑制成的计时器能达到每 37 亿年误差 1 秒以内的精度。

如果你只是希望按时赶上火车，那这样的精度确实相当夸张，但科学上需要以精确时间为基础的事情可能多得超乎你的想象。还记得吗，我们把度量空间的基本单位——米——定义为光在 1/299792458 秒内行进的距离。与此类似，还有两个基本的科学单位以秒为基础：流明（用于衡量灯泡之类的光源发出了多少可见光）和安培（电流单位）。在现实世界中，压强是通过力计算得出的，力以加速度为基础，归根结底，加速度由时间的推移决定！如果没有足够精确的钟，我们就不可能完成最精密的测量。

科学家专注于测量更精密的时间长度，普通人更关心的却是时间的名字——我们总是在重要的历史事件前冠上它的日期，或是基

“上帝呵！我宁愿当一个庄稼汉，反倒可以过着幸福的生活……

雕制一个精致的日晷，看着时光一分一秒地消逝——分秒积累为时，时积累为日，日积月累，年复一年，一个人就过了一辈子。”

——莎士比亚，《亨利六世·下篇》

（*Shakespeare, Henry VI, Part III*）

于政治上的兴趣来设定时间。请记住重要的一点：所有时素（用于指定某段特定时间的词语，例如“春天”或“茶歇”）都是人为的、主观的；所有日历都基于某种文化范式，有时候还有奇怪的假设。比如说，中世纪的犹太学者认为，我们的宇宙是在公元前3761年被创造出来的，全世界的人们都在公元2000年庆祝千禧，但在某些地区，这一年是犹太历中的5761年。17世纪的爱尔兰圣公会主教詹姆斯·乌雪计算出来的结果与犹太历略有区别，他认为世界诞生于公元前4004年10月23日（星期天）的前夜。

显然，中国的历法和前面两种都不一样，穆斯林和印度教的历法又有各自的区别。很多人虔诚地相信玛雅长计历，按照这套历法，第十四个伯克盾（记为13.0.0.0.0）会在2012年12月21日到来，标志着世界的终结，或者至少有一些人坚称，那一定是世界末日。

钟表时间设定的随意性和历法不相上下。仅仅在150年前，全世界的人们对表的唯一办法就是靠当地官员观察正午的日影，判断太阳是否在头顶正上方。比如说，19世纪早期，《芝加哥论坛报》会定期登载伊利诺伊州和密歇根州54种不同的当地时间。如果你只跟本地人打交道，那这种方法还算行得通；但随着人们的活动范围日益扩大，落后的计时体系很快就不够用了。四通八达的铁路让旅行成为常态，人们越来越需要一个“官方时间”。1883年，铁路公司率先设立了横跨美国和加拿大的标准时区。

到了第二年，25个国家派出的代表在国际子午线会议上达成一致，将全世界划分为24个时区，每个时区占据15度，依次增加或减少一小时。所有时区的“零点”位于英格兰的格林尼治——由此建立了格林尼治标准时间（GMT）。

在理想的世界里，时区线应该是两个极点之间的光滑弧线，就像沙滩球上的彩色条带一样。但出于商业和地缘政治的需求，现实世界里的时区分界线变得崎岖不平，犬牙交错。最极端的例子是中国，1949年之前，全中国分为五个时区，可是现在，整个国家都沿用同一个“北京时间”——哪怕这意味着中国西部的城市要到下午三四点才能迎来天文学意义上的“正午”。

GMT的建立还创造了另一种人为的界限——国际日期变更线，它大致位于太平洋中央。如果你向东跨越这条日期变更线，那么时间就往前跳跃了1小时*，但与此同时，你的日期却回拨了一天。因此，从东京飞往西雅图的旅行者会获得相当古怪的体验：到达时间比出发时间还早。

这里还有一个人为扭曲时区分界线的案例：基里巴斯是一个

* 确切地说，某些地区的时区线和日期变更线是分开的，所以从理论上说，你不一定会失去1小时。——原注

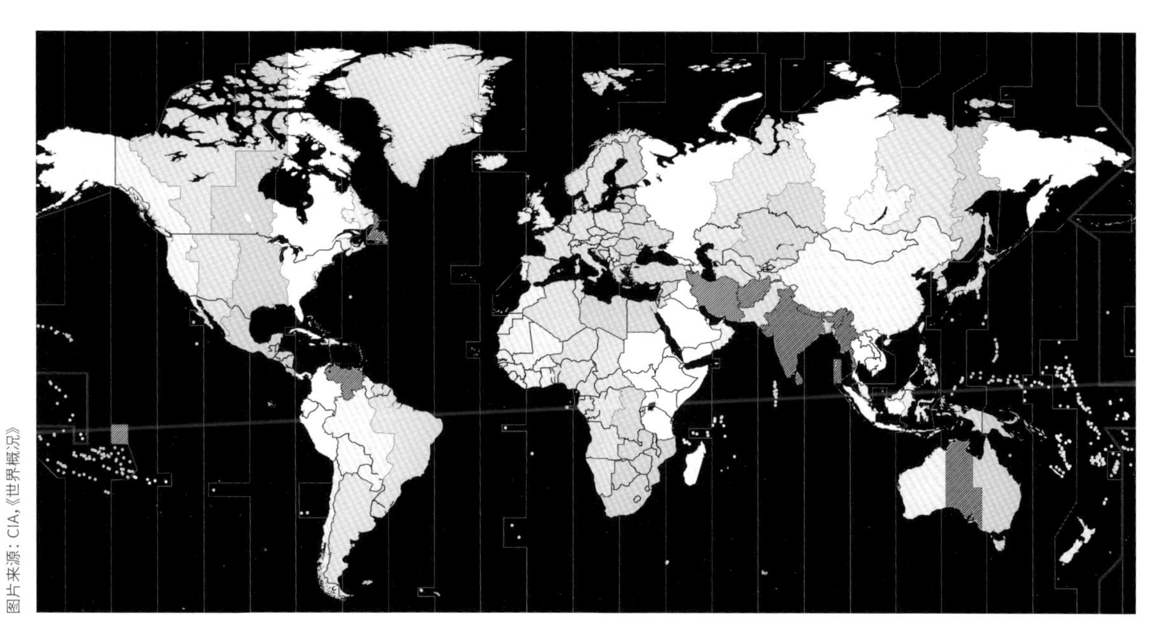

图片来源：CIA,《世界概况》

▲ 全世界的24个时区基本都不是平滑的。图中加了阴影的地区内部有半小时的时差

1883 年，时区系统就在美国得到了大范围的应用，不过直到 1918 年的“一战”期间，美国国会才通过了《标准时间法案》，赋予了时区官方地位。该法案还设立了迄今仍有争议的夏令时，所以夏令时又有“战时时间”的别名（讽刺的是，夏令时实际上是德国人发明的，目的是为了节省燃料）。在夏令时系统下，我们每年有两次需要将时钟调快或者调慢 1 小时，全世界都有专家学者提出，这种方法到现在已经有些落伍。1997 年甚至因此发生了一件丑闻：俄亥俄州立大学的近两千名学生发起了骚乱，仅仅因为酒吧的关门时间比他们预期的提前了一个小时。

小国，它拥有的三十多座环礁和岛屿散落在国际日期变更线周围，1995 年，这个国家决定重划日期变更线（有人冷嘲热讽地说，这是为了促进旅游业，因为更改日期变更线之后，基里巴斯突然成了全世界最早进入 21 世纪的国家）。于是现在，尽管基里巴斯东部和夏威夷的经度大致相同，可是基里巴斯的时间却比火奴鲁鲁快了整整一天零两小时。萨摩亚也不甘落后，他们决定彻底跳过 2011 年 12 月 29 日，直接进入 12 月 30 日。

想象一下，假如有一位外星人来到地球，试图弄清被我们搞得一塌糊涂的日期和时间。从秒到光年，这些单位都只能通过我们自己原始的、地球式的视角才能理解。而且，如果我们试图向远道而来的客人解释这套时间系统，那么就不得不从最基本的地方开始，也就是我们作为人类能感觉到并真正领会的时间长度和速度。

人类时间

一秒，一小时，一年——这都是人类尺度的时间，我们熟悉这些单位，并利用它们来安排日常生活。我们给人类时间的方方面面都起了名字，有的名字就像香水广告一样美丽而芬芳。酒吧的“快乐时光”，子夜的“神秘时刻”，有时候时间慢如黏稠的蜜糖，有的时候又快如来自地狱的蝙蝠。形容某事发生得太快，我们会说“眨眼之间”，或者“电光石火”。这样的形容相当贴切，因为眨一次眼大约需要 1/3 秒，而我们的眼睛大约能看清 1/10 秒内发生的事情。要是速度比这还快，我们眼前就只剩下一片模糊，或者干脆什么都认不出来。不过，要是以每秒 20 或 30 页的速度连续翻动一本印有静态图像的书，那么在我们的眼里，书页上的画面会无缝连接起来，于是我们相信自己看到了流畅的运动，这就是电影的原理。

在人类时间的另一头，则是那些罕见到一代或一生只有一次的事件。“一代”通常是指 20 ～ 25 年，一生也不过是它的几倍而已。科学家发现，大部分动物的平均寿命只有10亿到15亿次心跳。正是出于这个原因，新陈代谢效率更高、心跳更慢的大型动物通常比心跳快的小动物活得更久。当然，也有例外。鹦鹉的寿命和人类差不多，虽然它们的心跳速度是我们的两倍。靠着医学的进步，人类寿命得以延长，所以现在我们平均能活大约 25 亿次心跳。

但是，再想深一层，活过这几十亿次心跳的人真的是你吗？机器人专家史蒂夫·格兰德曾经指出，我们与孩提时代的自己根本不是同一个人，成年的我们不过是继承了早期记忆的陌生人而已。说到底，我们的整套供血系统每隔三个月就会更新一次，而皮肤的更新周期只有两周；事实上，每过十年，我们体内的每一个细胞都会更新至少一次，成年人体内的细胞几乎没有任何一个是童年残留下来的！我们的记忆和自我意识都会持续终生，但事实上，我们的身体就像山间的湖泊，不断接纳新的水流，同时排出已有的湖水。一定程度上，流水帮助我们维持形状，避免停滞。

无论如何，我们所谓的“自己”要在世界上生活一个世纪左右。从某种角度来说，这 30 亿秒的时间中会发生很多事情；但从另一个方面来说，你一生的所有事情加起来仍少得微不足道。

秒是其他所有时间单位的基石。1 秒的时间足够我们的心脏跳动一次（平均），或是让我们悠闲地走出 1 米。不过同样是在这 1 秒内，蜂鸟可以振翅 70 次，声音能传出 340 米，闪电更是能跨越 3 亿米的距离。

145 千米 / 小时的快球只需要半秒钟就能飞到本垒，击球手必须在这么短的时间内决定是否挥棒。2009 年，牙买加的尤塞恩·博尔特在 100 米短跑中仅用 9.58 秒就完成了比赛——这个成绩快得不可思议，平均每秒达到了约 10 米（38 千米 / 小时）。

“是‘一瞬间’更快，还是‘闪电般’更快？我个人认为，一瞬间相当于两个‘闪电般’。可是谁能知道小羊羔甩两次尾巴是多少个一瞬间。不过，为什么他们要说‘甩两次尾巴’呢？一次不行吗？我们自己会算数，多谢关心。”

——乔治·卡林，

美国单口喜剧表演者

火车诞生之初，乘客首次体验到了以 55 千米 / 小时的速度旅行，他们说，这样的经历“令人屏息”。

一秒钟只够我们不慌不忙地发出 5 个左右的音节（“一秒数一下……再数是两秒……”）。

当然，与动物世界里的运动健将相比，人类的速度就逊色多了。猎豹和旗鱼分别占据着跑步和游泳冠军的宝座，它们的速度可达每秒 31 米（113 千米 / 小时）。游隼的速度还要再胜一筹，不过需要靠重力来帮点儿忙：游隼通常把窝筑在高耸的峭壁上（现在它们越来越青睐大城市的摩天大楼），它向下俯冲猎食时的飞行速度可达每秒 90 米（322 千米 / 小时）以上。

在小得无法探测的尺度上，室温下的氧分子以超过每秒 450 米（1600 千米 / 小时）的速度在空气中横冲直撞。而在大得难以被我们感知的尺度上，地球以几乎相同的速率在太空中旋转——赤道上的自转速度约为 1680 千米 / 小时。如果飞行器或子弹的速度够快，那么它们会产生声爆；但是地球旋转时是拖着大气层一起的，所以尽管它转得很快，却不会造成恐怖的噪声。

为了解决太阳时间和原子时间的微妙区别，推进标准时间的普及，科学家于 1961 年创立了协调世界时（UTC）。UTC 又被称为“祖鲁时间”，全世界航空业普遍采用 UTC，以确保每一位飞行员使用的时间完全相同，避免混淆。

并不是所有行星都转得这么快。比如说，金星的自转速度只有每秒 1.8 米（6.4 千米 / 小时）——以这个速率，你完全可以在金星的赤道上快步行走，造成时间停滞的效果，或者至少可以让太阳在天空中的位置保持不变。

即便如此，太空中大部分天体的运动速度常常会刷新我们脑子里的极限。通信卫星高悬在海平面以上 36000 千米的对地同步轨道上，它每天都会绕着地球转一圈，也就是说，它每秒钟可以行进 3100 米（11160 千米 / 小时）。航天飞机的速度是通信卫星的两倍，它从静止加速到 27360 千米 / 小时仅需 8 分钟，可是这样的速度只够让它停留在轨道上！若要让火箭脱离地球强大的引力阱，那么它的速度必须达到每秒 11200 米以上（40320 千米 / 小时）。而且，这个速度尚不足以挣脱太阳的引力，要离开太阳系，需要的速度大约是这个值的四倍。

在人类时间尺度的另一头，以行动迟缓著称的树獭移动速度只有每秒 10 厘米（360 米 / 小时）左右，这可能是因为缺乏蛋白质和脂肪的素食让它精神不振；而由于体形和行进方式的双重限制，蜗牛的蠕动速度只有树獭的 1/10。尽管这可能会耗尽你的耐心，但你依然能看到它们在动，然而生活中还有其他很多慢得让你看不见的事情。比如说，头发的生长速度大约是每秒 4.5 纳米，当然，具体到每个人身上还有细微的差别——在较短的时间内，你根本不可能看到头发生长，可是累积起来就很明显了：胡楂每天会长 3/8 毫米，或者说每个月大约会长 1.25 厘米。毛发生长的速度比冰川的移动还要慢得多——冰川的速度可达每秒 0.2 毫米（每天 17 米）。

训练有素的赛马只需大约五分之一秒就能跑出一个马位的距离。

无论如何，冰川和头发——还有花朵的萌芽、绽放、凋零、死去——的速度仍在我们的理解范围之内。我们的头脑可以接受这些人类尺度范围内的事物，却难以揣想超过一个世纪、一个千年的时间跨度，也无法真正理解比闪电还快的东西。

地球上还活着的年龄最大的独立生命体是一棵大盆地刺果松（Pinus longaeva），它生长在美国加州和内华达州之间的山地里。人们对它的年轮进行了取样，计算得出这棵树已经生长了 4842 年，比吉萨大金字塔还要老两个世纪，它因此得名“玛土撒拉”*。如果算上那些可以复制自身的植物的话，那么最长寿的生命体可能是犹他州的一片颤杨林，人们估计，它可能已经生长了 80000 年。

地质时间

大约 45 亿年前，飘浮在行星之间的岩石和冰在引力的作用下聚集在一起，我们的地球就此诞生。请想象一下，如果一根绳子上的 1 毫米就代表 1 年，那么 1 个世纪的长度就是 10 厘米，一千年则是一米。要展现地球的年龄，你需要的绳子可以从旧金山一直拉到纽约。

在一般人眼里，“长期”最多也就是到我们退休的时间，所以显而易见，我们需要花一点儿时间才能适应一个将“很快”定义为两万年的时间体系。说到底，相对于地球的年龄，两万年不过是五个月里的 1 分钟，或者我们一生中的 3 个小时。

换个角度思考：你可能看过一些延时摄影的影片，云在空中快速移动，四季变化浓缩在数秒内；那么，请想象一下，某部延时影片的每一帧代表一万年，假如我们从地球诞生时开始拍摄，最终完成的影片（至少拍到今天为止）将长达 4 小时，而人类的整个历史

* 玛土撒拉（Methuselah），《圣经·创世记》中非常高寿的人物，据传享年 965 岁。

要到镜头的最后一秒钟才会出现。

这样的尺度被科学家称为地质时间，在它面前，我们对整个世界的认知都开始崩塌。比如说，经历千万年的时间，固体也会发生扩散——分子混杂起来，如同水乳交融。所以考古学家在埃及陵墓中发现，毗邻的金器和铅器融为一体，就像熔化后又重新粘连起来。

在稍长一点儿的时间跨度上，我们必须承认，近年来人类的确严重影响了地球的气候；但气象学家必须考虑到天气周期的正常循环，这一点只能站到地质时间的角度来观察。比如说，地球的地轴大致指向北极星，自转时地轴会微微摆动，但是每过 25784 年，它就会回到原位——大约相当于光从银河系中心传到地球的时间。想想看：上一次天空中的星星和现在处于同一位置的时候，地球还处于上一个冰川期，人类还在山洞的洞壁上画画。

“未来就是某种每个人都会以每小时 60 分钟的速率达到的所在，无论他干些什么，无论他是谁。”

——C.S. 刘易斯

由于地轴倾角在 22.1° 和 24.5° 之间变化，而地球的公转轨道每隔 100000 年就会完成一次从椭圆到圆形的循环，在这两个因素的共同作用下，气候的循环周期大约是 41000 年。听起来似乎影响不大，但温暖宜居与冰天雪地之间也只差了那么几十摄氏度而已。讽刺的是，尽管目前我们深受全球变暖的困扰，但实际上地轴的倾斜角度正在变大，或许未来一两万年内，我们就将进入下一次自然的冰川期，而现在的全球暖化可能会把它推迟一点点。

再把视野放得更远一些，我们知道，漂浮的构造板块正在以和指甲生长差不多的速度移动——南美洲和非洲正在彼此分离，大西洋正在以每年 4 厘米的速度变得更宽。所以，在接下来的一百万年里，洛杉矶的位置会逐渐向北 - 西北方向移动大约 40 千米。其实一百万年（简写为 Ma）也不是很长：如果可以建造一艘光速飞船飞向仙女座星云，那么一百万年还不够它走完一半的路程。

以百万年为尺度进行思考的科学家喜欢为地球的发展年代分

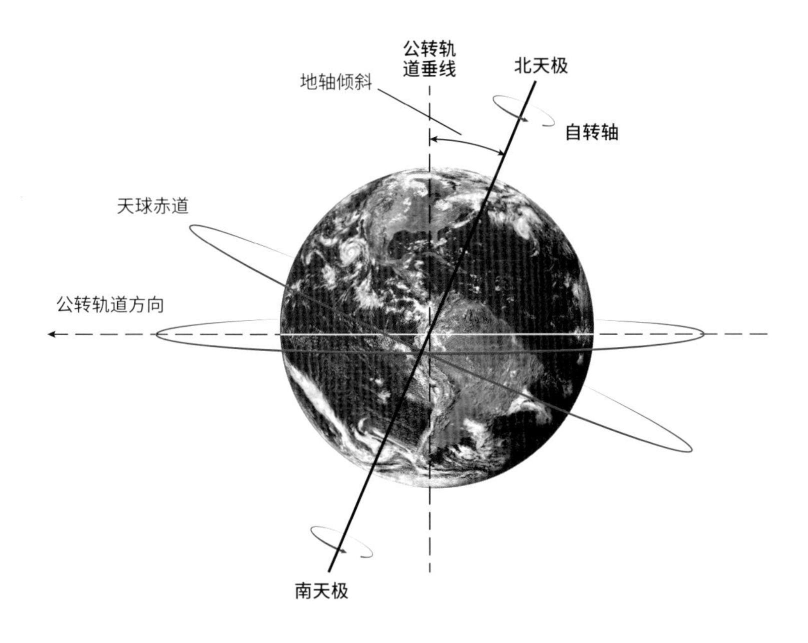

▲ 地球的摇摆

段，就像在门框上画出刻度，以便测量孩子的身高。请记住，在本书写作的时候，我们正处于地质年代中的显生宙（大约始于542Ma以前），新生代（始于恐龙灭绝的时候，大约65Ma以前），全新世（从11000年前开始）。有人提出，我们已经进入了一个新的地质年代——“人类世”，主要特征是大量人造沉积物布满地球表面（主要是塑料和其他垃圾）。

在月球引力的作用下，地球的旋转速度正在减缓，因此每一天的长度每100000年就会增加2秒左右。

说来有些奇怪，但实际上，地球外层主要由动植物在短暂生命中创造并存留下来的沉积物和垃圾组成，从我们踏足的岩石，到我们呼吸的大气，莫不如此。在地球诞生之初的亿万年里，这颗星球不过是一大块超热的球体，由无菌的岩石和气体组成，承受着小行星的撞击，没有任何生命。不过大约在35亿年前，地球的温度逐渐冷却下来，浅浅的水潭开始出现，复杂的分子在水中聚合形成微

“时间是火，我们燃烧于其中。”

——德尔莫·施瓦茨，《我们静静走过这四月天》(*Calmly We Walk Through This April’s Day*)

英语中的“lustrum”代表五年，它来自拉丁语中的“清洗”，因为古罗马每五年就会进行一次人口普查，然后会举行一种净化仪式。

小的单细胞细菌。细菌存活、分裂然后死去，留下显微级的残骸。几万亿细胞或许毫不起眼，但几万亿个几万亿，经历亿万年的时间……它们逐渐堆积起来，形成我们今天看到的叠层石。

然后到了大约25亿年前，有机食物开始变得匮乏，细菌学会了新花样：借助阳光把水和二氧化碳变成能量。不幸的是，这种名为光合作用的先进技术会释放出一种致命的废物：氧。是的，对于当时的细菌而言，氧的确是致命的毒气，正如今天的二氧化碳（我们呼出的废气）会令人窒息。

大部分氧气和铁以及其他分子结合起来，在漫长的时间中被埋藏在厚厚的沉积物里，成为今天我们开采的铁矿。大约一亿年后，地球上所有的铁都已被氧化，多余的氧无处可去，只能在大气中积聚，导致了大氧化灾变，当时地球上的绝大部分生命因此而死去。当然，彼之砒霜或许是此之蜜糖，不久后（请记住，这里我们说的是地质时间），微型单细胞生命重新出现，然后是多细胞，它们能够适应富氧空气和高处新生成的臭氧（由三个氧原子组成的分子，能够阻挡太空中的大部分有害辐射）保护层。

神创论和演化论之间的争议从未停歇。神创论的拥护者坚称，生物的复杂结构（例如眼球）不可能是通过演化形成的——那需要太多不同但是相关的“零件”彼此完美配合。但大部分神创论者都没有考虑到，这些结构都经历了漫长的演化。当然，你不可能在一年内就演化出一只眼睛，哪怕一百万年也不行。和沉积过程一样，动植物演化的时间跨度长得超乎想象，我们人类很难真正理解。多细胞生命体可能花费了四亿年才演化成最简单的动物，例如海绵或水母；又过了一亿年，鱼类才开始出现；然后在接下来的几亿年里，昆虫和爬行动物相继诞生。在同样的这段时间里，植物生长壮大、发育然后死去——和动物一起——留下大量富含有机质的沉积物，也就是今天我们所说的化石燃料，例如煤炭、石油和天然气。

又过了很久很久，到了大约2.4亿年前，恐龙才开始出现。在那短暂的1.75亿年里，恐龙统治着地球，然后它们突然灭绝了，可能是因为一颗直径10千米的小行星击中了如今墨西哥的东海岸附近，短短几小时内，恐龙就荡然无存。不过，一扇门关上了，另一扇总会打开，那些善于挖掘、游泳、迅速适应新环境的动物幸存下来，在一张白纸上重新开始绘制生命的画卷。

最后，直到大约250万年前——恐龙大灭绝的6300万年以后——最早的人类才开始出现，而现代智人的诞生，仅仅是大约十万年前的事情。

我们再次发现，地质时间的跨度如此漫长，我们很难从中找到自己的位置，所以，或许可以用一个我们更熟悉的时间长度来类比：人类的一生。不妨想象一下："地球母亲"现在正在庆祝她的50岁生日——也就是说，我们把她45亿年的生命压缩成50年。这样一来，最早的简单生命迹象出现在她11岁的时候，然后直到她45岁生日前夕，最早的有眼睛的动物（例如三叶虫和马蹄蟹）才刚刚诞生。在她49岁零几个月的时候，恐龙灭绝了。这一周，直立人（爪哇人）学会了用火，现代智人直到昨天才出现。上一次大冰期结束于一小时前，文明——包括我们所有的有记录的历史、艺术和科学——在数分钟前开始萌芽。耶稣诞生的时间离现在大概只有10分钟多一点儿，现代计算机在17秒前刚刚问世。生日快乐，妈妈。

"时间，即是组成'我'的物质。时间是一条载着我向前的河流，可是我其实就是那河流；时间是一头吞噬我的老虎，可是我其实就是那老虎；时间是一团把我烧成灰烬的火焰，但我正是那火焰。"

——豪尔赫·路易斯·博尔赫斯，《对时间的新驳斥》（*A New Refutation of Time*）

宇宙时间

一旦学会了以十亿年为尺度去思考——如果真能做到的话——那么你就可以站到星系和宇宙的角度来审视运动和变化，得到在夜晚仰视星空时永远无法领会的知识。这并不是说天体的运动速度很慢！只是和比它自己大得多的东西相比，它的运动速度很慢，一切都是相对的。比如说，以罗马神话中的信使为名的水星是我们的太阳系里运动速度最快的行星，它围绕太阳公转的速度大约是每秒 48 千米（172800 千米 / 小时），相比之下，地球就显得懒洋洋的，转速只有 30 千米 / 秒（108000 千米 / 小时）。

作为一个整体，太阳系绕着银河系中心以 800000 千米 / 小时的速度在宇宙中旋转。与此同时，我们的星系在太空中的运动速度超过每小时二百万千米。这样的速度听起来令人窒息，可是换个角度去看，银河系要花 2.25 亿年才能完成一次公转——这就是一个银河年的长度。

太阳的年龄大约是 46.3 亿岁，也就是大约 20 个银河年。太阳诞生之初，我们只不过是气体、冰粒和宇宙尘埃（主要是更早的恒星爆炸产生的碳、氧、硅和铁）形成的星云。附近超新星释放的激波将这些物质推挤到一起，达到一定密度时，它便会压缩形成恒星和行星，就像灰尘在你的床底聚集成团。整个宇宙的原理也没什么两样：恒星从尘埃中诞生，燃烧，然后死去，有时候会发生爆炸，孕育出新的恒星和行星。太空之中无新事，浩渺的宇宙里，每一年都有数十亿恒星诞生、死去。

宇宙可能起源于大约 137 亿年前，正负误差 1.1 亿年，有的人称之为“大爆炸”。这差不多是 1400 万个千年——不过只有大约 60 个银河系年。卡尔·萨根曾提出著名的“宇宙日历”，将宇宙的整个历史压缩在一个太阳年里。在这个尺度下，如果宇宙诞生于 1 月 1 日，那么银河系在 3 月开始成形，我们的太阳和地球直到 9 月 1 日才诞生。同样在 9 月里，单细胞生命开始出现，11 月的某一天，多细胞生命姗姗来迟。哺乳动物诞生于 12 月 26 日，恐龙在 12 月 29 日灭绝。人类的史前生活（从已知最古老的石质工具开始）和历史

如果把宇宙的历史压缩成一天，那么人类的平均寿命只有 1/2000 秒。

速 度

指甲生长	1.2×10^{-9} 米 / 秒（4.3×10^{-9} 千米 / 小时）
月球相对于地球后退的速度	1.3×10^{-9} 米 / 秒（约 1 纳米 / 秒）
儿童发育的平均速度	1.8×10^{-9} 米 / 秒（6.5×10^{-9} 千米 / 小时）
竹子生长的速度	6×10^{-7} 米 / 秒（2.1×10^{-6} 千米 / 小时）
庭院大蜗牛	0.002 米 / 秒（0.007 千米 / 小时）
盒式录音带的速度	0.0476 米 / 秒（0.171 千米 / 小时）
1 节（每小时 1 海里）	1.852 千米 / 小时
平均步行速度	1.2 米 / 秒（4.3 千米 / 小时）
世界游泳纪录	2.3 米 / 秒（8.3 千米 / 小时）
舒适的骑车速度	6 米 / 秒（21.6 千米 / 小时）
人类奔跑的最快速度	12 米 / 秒（43.2 千米 / 小时）
飞奔的马	13 米 / 秒（46.8 千米 / 小时）
往下掉落了 10 米的物体	14 米 / 秒（36 千米 / 小时）
半空中的跳伞运动员	54 米 / 秒（191 千米 / 小时）
喷嚏	最高可达 46 米 / 秒（166 千米 / 小时）
开球击飞的高尔夫球，长弓射出的箭	60 米 / 秒（216 千米 / 小时）
普通车改装的赛车	90 米 / 秒（324 千米 / 小时）
飓风风速	112 米 / 秒（403 千米 / 小时）
有轮子的最快的火车（非磁悬浮）	160 米 / 秒（576 千米 / 小时）
点 22 的远距离中发式子弹	400 米 / 秒（1440 千米 / 小时）
地球赤道自转速度	464 米 / 秒（1670 千米 / 小时）
SR-71 黑鸟侦察机，最快的喷气式飞机	987 米 / 秒（3553 千米 / 小时）
北美 X-15 火箭动力飞机	2020 米 / 秒（7272 千米 / 小时）
对地同步轨道上的卫星	3100 米 / 秒（11160 千米 / 小时）
航天飞机，轨道上的国际空间站	7743 米 / 秒（27875 千米 / 小时）
阿波罗 10 号载人飞船从月球返回时的速度	11 千米 / 秒（39600 千米 / 小时）
地球绕太阳公转的速度	30 千米 / 秒（108000 千米 / 小时）
太阳神号太空探测器（绕太阳公转的速度）	70.22 千米 / 秒（252792 千米 / 小时）
太阳系绕银河中心公转的速度	216 千米 / 秒（777600 千米 / 小时）
银河系在太空中的速度（相对于宇宙背景辐射）	550 千米 / 秒（198 万千米 / 小时）
较快的中子星旋转速度	38 兆米 / 秒
真空光速	299792458 米 / 秒

“时间是一种幻觉，午饭时间尤其是幻觉。”

——道格拉斯·亚当斯，小说家

比电流的速度慢了几百万倍。你触摸某件东西时，电化学脉冲立即以极快的速度向脑部发送信号，但是，如果这件东西很锋利或者很烫，那你还得过一小会儿才能反应过来，因为疼痛信号的传播速度比触觉信号慢 100 倍。

现在，我们逐渐熟悉了小数点后两位数的秒数，这很大程度上应该归功于电视里的体育比赛。虽然人类的反应速度尚不足以判断零点几秒的差别，但电子设备的精确度显然要高得多。在 2008 年的奥运会上，迈克尔·菲尔普斯在 100 米蝶泳比赛中获得了他个人的第七块金牌，当时他的比赛成绩是 50.58 秒，只比米洛拉德·查维奇快 0.01 秒。游泳比赛的计时依赖于泳池壁上安装的超薄塑料触摸板，另外还有每秒上百帧的高速摄像机作为辅助。根据仪器的记录，菲尔普斯碰到触摸板的时间比那位塞尔维亚运动员快了一帧。

我们生活中能见到的最快的事件可以达到毫秒级（1/1000 秒）。家蝇每 3 毫秒拍动一次翅膀；普通的傻瓜相机在光线良好的情况下快门时间可以达到 1 毫秒，将人类瞬间的动作凝固在照片里。在跑步和自行车比赛中，聚焦在终点最后时刻的超高速摄像机拍摄速度可达每秒一千帧。教练和运动员会据理力争，但在这个时间尺度上，金牌和银牌不仅取决于技巧，同样也有运气因素，尤其是在游泳、跑步、自行车、滑雪或赛马等环境瞬息万变、完全不受控的比赛项目中。

大部分人心目中的金融交易就是很多人在拥挤的市场里大声叫嚷，但今天，大额交易并不是由人类完成的，而是依靠沉默的电脑算法基于全世界的新闻在几分之一秒内做出决策。这里有个极好的案例可以提供背书：目前人们正在铺设一条新的跨大西洋电缆，工程造价高达 3 亿美元，目的仅仅是让从欧洲传往纽约的信号延迟减少 6 毫秒。许多分析师赞成这项工程，他们指出，对大型对冲基金来说，哪怕减少 1 毫秒的延迟也意味着每年多赚 1 亿美元。

我们可以从某种程度上理解毫秒：一秒内发生一千件事，这固然震撼，但依然可以理解。但是，微秒（μs）——百万分之一秒——就已经走到了人类思维的边缘。1 微秒与 1 秒的差距相当于 1 秒与 11.5 天。换句话说，如果你每秒走一步，那么要达到一百万步，你得走 277 个小时。为了让你直观地感受 1 微秒到底有多长，请想一想，点击一次鼠标大约要花费 50 万微秒。而且，由于声音传到一边耳朵的速度比它传到另一边耳朵要快 600 微秒，所以我们可以由此分辨声音的来源，然后转过头去，哪怕此时我们正闭着眼睛（其实我们并不清楚自己是如何做到这一点的，因为信号从耳朵传向大脑需要很长的时间，达到了毫秒级）。

自由中子的半衰期大约是 10.5 分钟，是其他所有已知亚原子粒子的半衰期的十亿倍以上。

在这个时间尺度上，我们开始走进亚原子粒子的世界。比如说，剧烈的原子碰撞将能量转化为质量，这个过程中会释放出 μ 子，它的寿命只有大约 2.2 微秒，然后它会迅速破裂，生成 1 个电子和 2 个中微子。1 微秒足以发生很多事情：地球绕轨运行 18.8 毫米；光前进 300 米；我们细胞内的蛋白质伸展然后折叠成复杂的三维结构，以便执行维持生命的任务。

那么接下来，纳秒——十亿分之一秒——又是什么样的呢？显然，任何事物都没有这么快。但是，笔记本电脑里的微处理器只需要几纳秒就能运行一项指令，比如说加上两个数。在你眨一次眼的时间内，一台普通电脑可以完成 9 亿次运算。我们突然体会到了尼古拉斯·法图的感觉：1 秒内包含的纳秒数大约相当于 30 年内包含的秒数——单枪匹马的人类花费一生才能解决的数学问题，现在你的手机只需要几秒钟就能找到答案。

不过，作为最小的可测量的时间单位，纳秒在某种意义上也可以被视为永恒。请记住，你看见一盏红色的灯，它发出的电磁波每纳秒会振动 40 万次。作为计算机的核心硬件，最快的切换式晶体管水里的自由水分子对彼此有轻微的吸附作用，它们每次会贴在一起几个皮秒的时间。就像人们在迪斯科舞池里不停地交换舞伴一样，分子贴到一起，然后分开，另寻其他同伴——正是这样的引力让水分子得以聚合在一起，形成实体；不过与此同时，水分子之间的联系又足够宽松，所以外来的分子可以轻而易举地融入液体之中。

工作时间达到了万亿分之一秒级，或者说，皮秒。请想象一下这个尺度：光子在 1 皮秒内只能前进 1 毫米。

你眼睛里的分子只需要 1/5 皮秒——200 飞秒——就能对可见光做出反应。而可见光本身每隔 2 ～ 4 飞秒就会在电场和磁场间转换一次。人类似乎永远无法达到此类原子级的速度，但是，目前最快的计算机每秒可以完成 10^{15} 次运算，也就是说，它每次运算花费的时间还不到 1 飞秒。在这个层面上，你很难辨别小数点后一位与三位的差别，但是请想一想，一秒内包含的飞秒数相当于 3170 万年里包含的秒数。或者我们借用《科学美国人》杂志的说法："1 秒内消逝的飞秒数比大爆炸以来的小时数还多。"

19 世纪晚期，埃德沃德·迈布里奇借助摄影底片捕获了一匹马奔跑的瞬间，证明了奔马有可能四蹄腾空。直到 20 世纪 80 年代，科学家们还在使用同样的技术，不过这一回，他们试图捕获的是从未有人亲眼见过的分子层面的反应；他们发射飞秒级的激光脉冲，就像照相机的闪光灯一样——只不过它的光芒只出现了百万分之十亿分之一秒。这是一个了不起的成就，然而哪怕在这样的速度下，自由原子看起来仍是模糊不清的一团；就在 1 飞秒内，一个电子已经围绕原子沿着虚拟的轨道转了一圈。显然，若要继续深入原子内部那个不可思议的微观世界，探寻光、尺寸乃至物质本身的极限，那么我们需要比飞秒更小的时间单位。

上图来源：埃德沃德·迈布里奇/国会图书馆

下图来源：杰夫·克鲁格(Jeff Krug)

▲ 1881 年，埃德沃德·迈布里奇的相机就能拍摄奔马。今天的摄像机快门速度比飞掠而过的子弹还快

"时间究竟是什么？谁能轻易概括地说明它？谁对此有明确的概念，能用言语表达出来？可是在谈话之中，有什么比时间更常见、更熟悉的呢？我们谈到时间，当然了解，听别人谈到时间，我们也领会。那么，时间究竟是什么？没有人问我，我倒清楚；有人问我，我想说明，便茫然不解了……既然过去已经不在，将来尚未来到，那过去和将来这两个时间又该怎样存在呢？"

——希波的圣奥古斯丁，

《忏悔录》(*Confessions*)

“过去一个世纪以来，我们逐渐意识到，我们眼中的真实是片面肤浅的，我们触摸到的只是真相的皮毛，这样的体验对思维的拓展无可比拟。”

——布莱恩·格林，物理学家

量子时间

据我们目前所知，宇宙中的一切事物都与光速有关，而光速真的非常非常非常快：299792458 米/秒。大家都觉得，直接说“大约每秒 30 万千米”比较简单。

请记住，光的实际行进速度可能更慢一些，具体取决于传播的介质：水中的光速大约相当于真空光速的 75%，而在钻石里，光速进一步下降到 40%。在密度较大的介质中，科学家实际上能迫使带电粒子的运动速度超过光速，从而产生一种奇怪的电磁波，人们称之为切连科夫辐射。不过即便如此，这些粒子仍无法超越真空光速的限制。当然，这样的限制只适用于我们目前四维的时空介质，如果未来某日，我们发现了其他维度，那么光（或其他粒子，例如中微子）有可能达到更高的速度。

无论如何，我们对光速的理解，再加上目前我们对宇宙尺寸的认知，共同得出了一些有趣的推论。首先，请忘记《星际迷航》或《星球大战》里那些想象出来的画面：超越光速时，星星突然快速从你身边掠过，诸如此类。就算你的速度真能达到“曲速*7”（极客会立即反应过来，这相当于 656 倍光速），那要抵达太阳系外最近的恒星，依然需要两天多的时间；而要冲出银河系，则需要 152 年。

光速还带来了一些诱人而古怪的挑战，比如说，如果你开着一辆 1972 年的科迈罗飞驰，速度高达光速的 99%，如果这时候你打开车头灯，会发生什么？简言之，答案是，你将看到灯光以——猜猜看——光速向前直射。这个谜题之所以如此费解，部分是因为行进速度越快，你就会变得越慢——确切地说，是你的时间相对于其他所有事物而言变慢了。此外，在你加速的时候，长度也会遭到压缩——你会沿着前进的方向变短，这种效应叫作洛仑兹压缩。实际

* 曲速引擎（Warp drive）是《星际迷航》系列中假想的一种超光速推进系统。

上，即便将速度控制在我们的想象范围内，事物也会发生微妙的变化：如果你的行进速度只有每秒 4200 万米（或者说约等于光速的 1/7），那么你的长度只会被压缩 1%；但是，如果加速到接近光速，那么从外部观察，你会被压缩到一粒灰尘的宽度——从你的角度来看，时间依然在正常流逝，但在外界看来，你的时间几乎已经停止。

狭义相对论提出，要将物体加速到光速，需要消耗无穷大的能量。但这条规律并不影响速度本身就比光还要快的物体。有的理论家相信，可能存在一种名叫“快子”的亚原子粒子，它的行进速度必须比光速还快，不能慢于光速。

不过和以前一样，这些疯狂的效应在人类尺度上毫无意义，但是在原子的国度里，粒子和能量场以超乎想象的速度运动、变化，我们必须考虑这些效应的影响。在 0.5 飞秒——或者说 500 阿托秒——内，光可以行进 150 纳米，大约相当于一个病毒的尺寸。1 阿托秒是十亿分之十亿分之一秒，所以每一秒内包含的阿托秒数差不多相当于大爆炸以来所有秒数的两倍以上。但是，要让光横贯 3 个氢原子的长度，依然需要整整 1 个阿托秒。

有的科学家提出，最小的时间跨度——有意义的最小时间尺度——应该命名为“时间子”，定义为光行进 1 个质子直径所需的时间——约等于 6×10^{-24} 秒，或者说，1 阿托秒的百万分之六。这个方案的支持者提出，从原子核到宇宙，任何事件都可以划分为时间子的组合。这个想法相当新颖，但不幸的是，量子物理打开了一个比质子还要小得多的世界。如果我们仅仅局限于时间子的层次，又该如何去解释夸克和玻色子的奇怪特性?

于是我们终于看到了最小的度量单位——“普朗克”。任何比普朗克还小的东西都会被淹没在随机概率的泡沫之中。普朗克长度比质子还要小一千亿个十亿倍：约等于 1.616×10^{-35} 米。1 个光速质子行进 1 普朗克长度的距离需要花费 1 普朗克的时间：大约 5×10^{-44} 秒——这是真正的、终极的“量子时间”。

关于时间的问题

现在，既然我们已经精心构建了测量时间的标尺，也有清晰的刻度可以帮助我们理解、命名任何跨度的时间和速度，那么，让我们用这些工具来回答一个简单的问题："此刻"是多长的一段时间？或许在我们人类的尺度上，此刻大约是十分之一秒？或者是一个时间子？一个普朗克时间？又或者，"现在"比我们以为的要长，可以跨越地质时间里的一个宙？

珠穆朗玛峰峰顶的时钟每年会比海平面上的时钟快大约 30 毫秒。

你看，问题很明显，我们常常把时间这个话题挂在嘴边，但谁也不清楚自己讨论的到底是什么，无论你是科学家还是巫师。一切对于时间的刨根问底最终只会化为一连串的问题，就像瓶底堆积的沉渣。比如说，还有一个问题：今天的一分钟和昨天的一分钟一样长吗？在你思考的时候，请别忘了，非常不幸，我们用来衡量时间的唯一工具是循环定义的："时间以每秒一秒的速度均匀流逝。"还有更糟糕的，时间的流逝是单向的，我们无法截取一段时间，将它和另一段时间放在一起比较，就像比较其他物体一样。而最令人头疼的是，虽然常识告诉我们，无论在哪里，时间总是以同样的速度前进，但现在物理学家坚称，这样的认识几乎肯定是错的，实际上，除非你平躺，否则在引力的作用下，你的脑袋会比你的脚指头老得快。

都怪爱因斯坦指出了这些奇怪的差异。在艾萨克·牛顿建立的经典物理体系中，苹果往下掉，钟摆来回晃，时间是绝对的基本结构，就像一个坚固的画框，我们可以把空间的画布紧紧绷在上面。这样的时间观让人安心，而且在一般情况下，它运转得很好。可是，爱因斯坦的相对论指出，我们从人类视角看到的时间并非全貌，其他地方的时间并不是我们眼中这个样子。就像有人曾说："大部分情况下，1 加 1 等于 2，不过有时候，它会多一点儿或者少一点儿。"

相对论告诉我们，时间与空间复杂地交织在一起，形成有弹性的介质，引力和速度都可能影响时空。这意味着以不同速度行进的两个物体所经历的时间流逝速率并不相同，听起来很疯狂……但却是真的。

20 世纪 70 年代，美国政府将第一颗全球定位卫星（GPS）送入太空的时候，谁也不知道爱因斯坦的理论是不是对的，但人们却押上了数百万美元的赌注：如果卫星上搭载的时钟误差超过约25纳秒，那它就基本没用了。但是，按照相对论，以绕轨卫星在太空中飞行的速度，卫星上的时钟应该走得比地面上慢得多——大约每天会慢 7 毫秒！单单这一点就够麻烦了，但爱因斯坦还预测说，地球引力会带来时空翘曲，而卫星时钟高悬在轨道上，基本不受这种效应的影响，所以它每天会比地面上的钟快 45 毫秒。两种相对论效应叠加起来会带来每天 38000 纳秒的误差，那么地面上的 GPS 单元最多只能保持两分钟的正确输出，一旦时间超过两分钟，它提供的读数就会出现误差。

幸运的是，就像优秀的投资者一样，科学家并没有孤注一掷，他们在卫星上安装了一个遥控开关，可以从地面上控制卫星时钟，以便随机应变地判断是否需要矫正相对论效应的影响。没过多久他们就意识到，相对论在几十年前做出的预测是对的：速度和引力会影响时间。

如今，测量的精度越来越高，科学家也在地球上发现了同样的效应。他们可以探测到你骑自行车时经历的时间变慢，或者爬梯子时加快的衰老速度。从人类角度去看，你永远不会注意到这些事情，因为你一生中经历的相对论效应累积起来可能也只有十亿分之几秒。但是，在速度极快的情况下，相对论效应带来的误差就很明显了：现在，用原子钟测量时间的物理学家必须校正相对论效应，哪怕参与比较的钟位于同一幢楼里的不同楼层。并不是说某一台钟比另一台更准，而是每台钟本身的速度就有差别。

在这个前提下，我们对“现在”的理解又多了更奇怪的一点：正如“这里”的意思是“我所在的地方”，那么“现在”意味着“我所在的时间”。从本质上说，每个人经历的时间各不相同。

再考虑到我们对光的依赖，那么可以得出一个推论：从事件发生到我们意识到它的发生，这中间永远都存在延时。如果太阳在这一刻爆炸了，那么由于光速的限制，我们要到8分钟后才能发现。换句话说，按照相对论，某件物体必须经过一定的时间才能对另一物体产生影响。考虑到不可避免的延迟，如果你从某个角度看见两个事件同时发生，那么换个地方观察，它们必然是不同步的。说到这里你会蓦然发现，实际上，我们不可能找到“现在”的确切定义。

随着引力的增加，时间会不可避免地变慢。因此，在黑洞内的无穷大的引力场中，连光都无法逃脱，时间也会陷入停滞。

现在就刚刚好

面对时间的这些特性，任何一个有理智的人都难免产生不协调的痛苦和焦虑。说到底，我们做的每一件事、对自己的每一分感觉，都是基于时间的。我们每个人都有选择的机会：要么接受自己的直觉对时间的认识，满足于表面肤浅的理解；要么越过那些简单的答案，在焦虑中寻求更清晰的解答。

从一方面来说，东方哲学总是告诉我们，抓住当下——那无限小、无限薄的时间片段——因为那是我们仅有的东西。正如诗中写道：“昨日之时不可留，明日之时未可知，今日之时胜现金——所以人们说它是‘现今’。”从另一个方面来说，喜剧演员乔治·卡林绝妙地总结了科学家的看法：“‘现今’并不存在，只有刚刚过去的过去和即将到来的未来。”

几乎可以肯定的是，真相（我们斗胆用了这个大胆的词）比这更加诡异，再深入下去，我们就将进入哲学家和白日梦者熟悉的领域。

比如说：物理学家又往时间机器里扔了另一把扳手。经典物理中的时间是绝对的，但相对论推翻了这个观点，接下来，量子物理似乎又再次翻案，按照量子物理的描述，似乎有某个更大的外部秒表协调着宇宙里的所有事件。当然，量子物理提出的观点总是那么反直觉，这回他们说的是，对某个亚原子粒子（例如光子或电子）进行测量，这似乎会同时影响另一个地方的另一个粒子——就像第二个粒子知道第一个粒子遭遇了什么一样，显然，这种效应彻底忽略了一些不重要的小事，例如空间和光速的限制。

但是，真正困扰物理学家的是，如果把描述宇宙的所有方程统统列出来，你会发现，没有任何一个方程能定义“现在”，我们甚至无法划出过去与未来之间的清晰界限。对物理学家来说，时间不会“过去”“流逝”或“飞逝”——在他们眼里，过去、现在和未来都是一回事，就像画布上已经绘制完成的“时间的风景”。

这套时间理论被称为“永恒论”。在永恒论的框架下，我们有限的意识被囿于时间中的一刻，根本无法看到完整的图画。我们觉得这些时刻非常特别，因为那是我们仅有的东西，我们唯一能感觉到的东西。但是，永恒论还意味着未来早已被决定，我们就像电影中的演员，扮演着剧本写就的角色，走向不可避免（但尚属未知）的结局。如果事实真的如此，而我们也接受了这套理论，那么，既然知道任何努力都无关紧要，人类的紧迫感、好奇心和驱动力是否也会消失？再想深一层，如果我们真的彻底放弃，那么这是否也属于剧本的一部分？

哪怕是最坚定的科学家也会觉得，这样彻底失去自由意志实在是一件讨厌的事情。所以，试试这个：也许宇宙不止一个——实际上，每一刻都有近乎无穷多个宇宙被创造出来——你做出的每一个

阿尔伯特·爱因斯坦去世前一个月时，在一篇文章中提到了他刚刚过世的多年密友米给雷·贝索：“现在，他先我一步离开了这个奇怪的世界，这件事没有任何特殊意味。我们这样的物理信徒深知，过去、现在与未来不过是根深蒂固的幻觉而已。”

“他问我知不知道现在几点（时间是什么），我回答说：‘知道啊，但这会儿不知道。’”

——史蒂文·赖特

选择引发的每一个未来都有安放之处。这个模型被称为“多世界诠释”，在这个模型中，每个宇宙内部的所有时间——从大爆炸到宇宙末日之间的每一个事件——仍是固定不变的，就像一块砖头。但我们不再是在一个宇宙中沿着时间线前进，而是在多个宇宙之间无缝跳跃，由此产生在时间中前进的幻觉，但我们自己对此一无所知。毫无疑问，这听起来像是科幻电影里的烂点子，不过它正好是学界精英提出的主流意见。

尽管如此，所有以永恒论为基础的模型都面临一个最困难的问题：为什么我们会记得过去，但却不记得未来？也就是说，为什么我们总是沿着时间的箭头前行。如果时间只不过是另一个维度，就像长度或高度一样，那我们为什么不能随心所欲地变换方向？

你或许会想起曾经学过的热力学第二定律：随着时间的流逝，事物会变得越来越混乱（熵值增大）。所以，如果你打翻了牛奶，结果很可能是一团糟。看起来，这条定律暗示了事件总是从过去走向未来。奇怪的是，它只在我们习惯的宏观层面上成立；到了原子层面上你就会发现，一路上发生的所有交互、牛奶泼洒时正在运动的每一个原子或分子，都是可逆的。说到底，单个分子是向上还是向下、向左还是向右，这完全是个概率问题，所以，从技术上说，牛奶的确有可能自己回到杯子里，造成实质性的时间倒流。你只能把杯里的牛奶当成一个整体，于是需要判断的就变成了数万亿原子的平均趋势，在这种情况下，牛奶“回到”杯子里才会显得那么那么的不可能，完全不会发生。事实上，我们正是因此而坚信，时间一路向前，不可逆转。

广受尊敬的科学家们相信，从理论上说，时间旅行是有可能的，我们可以利用太空中的虫洞、无限长的旋转圆柱体，或者其他精妙的把戏。但是，要在比亚原子级更高的层面上实现这些想法，那可能需要消耗一颗恒星爆炸的能量。

无论如何，在最微观的层面上，我们对时间的传统感知开始彻底崩塌。我们曾经认为，“过去”不可更改（“覆水难收！”），然而就连这一观念也遭到了动摇。我们越来越清晰地发现，在量子层面上，今天的决策可能影响过去的事件。正如物理学家史蒂芬·霍金和伦纳德·姆沃迪瑙所说："（未被观察到的）过去，和未来一样是不确定的，只能以概率分布的形式存在。宇宙并非只有单一的历史，而是每个可能的历史都同时存在，各自拥有自己的概率；我们观察宇宙现在的状态，这一举动会影响它的过去，创造宇宙的历史。"

考虑到这一点，你就会明白，未来的确会影响过去和现在，只是我们并不知晓；量子级的细微变化累积起来，足以影响我们的宏观世界。比如说，2009 年，瑞士的大型强子对撞机（LHC）开始寻找之前仅存在于理论上的亚原子粒子——希格斯玻色子，这项突破性的工作刚刚启动，LHC 就经历了一次重大的故障，因此被迫关闭。当时，两位学者（《纽约时报》称他们为"若非此事，原本应该很优秀的两位物理学家"）指出，这次故障可能正是希格斯玻色子引发的，也许它穿越时间回到过去，试图在自己被发现之前阻止对撞机启动，"就像时间旅行者回到过去杀死自己的外祖父"。这个看似荒谬的说法解释了为什么量子层面的所有东西在我们眼前全是一片模糊：未来需要足够的弹性空间，才能在不为人知的情况下悄然影响现在。

说到底，传统的一切关于时间的认知——包括我们的记忆、我们精心编制的日历和最精确的测量仪器——可能全是幻觉，是全息影像式的海市蜃楼；它之所以存在，仅仅是为了让我们在这个比任何哲学家的幻梦更加奇怪的宇宙中找到踏实和确定的感觉。正如爱因斯坦曾经写的："时间存在的唯一理由是不让所有事情一起发生。"甚至存在这样的可能性：时间和时间的流逝完全是由意识创造出来的。我们不知道答案，或许未来永远都不会知道。

"不论我是否今天就能得到应得的报酬，还是要再等万年或千万年，我现在就可以愉快地接受，也可以同样愉快地继续等候。"

—— 沃尔特·惠特曼，

《我自己的歌》（*Song of Myself*）

时间的跨度 *

5.4×10^{-44}s	普朗克时间（可能的最短时间）
0.3ys	W 及 Z 玻色子的寿命
6ys	光行进一个质子直径（1 时间子）
1as（1×10^{6}ys）	光行进三个氢原子长度
12as	有记录的最短的实验室激光脉冲
320as	一次电反应中电子从一个原子转移到另一个原子
1.3fs	介于可见光与紫外线之间的电磁波振动一个周期
200fs	最快的化学反应（例如眼睛对光做出反应）
1ps（1×10^{6}as）	底夸克的半衰期
3.3ps	光行进 1 毫米距离
1ns	1GHz 计算机芯片的 1 个机器周期
2.5ns	红光波长的一百万倍
5.4μs	光在真空中行进 1 英里（约 1.6 千米）
22.7μs	音频 CD 上声波样本的长度
5ms	蜜蜂振翅一次
8ms	速度为 1/125 秒的相机快门
33.3ms	数字电影中的一帧
41.7ms	胶片电影中的一帧
200ms	人类平均反应时间
30cs	一眨眼
43cs	棒球从投手投出到到达本垒的最快时间
1 秒	人类心跳；光行进 30 万千米
9.58s	百米短跑世界纪录
10.5 分钟	大约是自由中子的半衰期
1039 秒（17 分 19 秒）	水下憋气的最长纪录
28.8ks（8 小时）	人类平均每天需要的睡眠时间
86.4ks	一天
29.5306 天（2.55Ms）	月相月
40 天	大约是人在没有食物的情况下幸存的最长时间
125 天	红血球寿命
23Ms（38 周）	人类孕期
356.2422 天	平均太阳（“热带”）年
27.7 年	锶 90 的半衰期
75 年（2.3Gs）	人类的典型寿命
90 年	海葵的寿命（它是最长寿的无脊椎动物）
3.16Gs	一个世纪

122 年 164 天	最长寿的人类：法国女性珍妮 · 卡尔芒（1875—1997），这相当于 386 万秒！
150 年	乌龟的寿命
164.8 年	海王星绕太阳的轨道周期
248.09 年	冥王星绕太阳的轨道周期
550 年	人类学会烘焙咖啡后的历史
31.55Gs	一个千年
2540 年	佛教的历史
6000 年	人类学会酿酒后的历史
11800 年	上一次冰川期（全新世）距今的时间
25784 年	地轴回归原来的位置（岁差）
1Ts（10^{12}s）	31689 年
100000 年	现代智人诞生距今的时间
6500 万年	新生代（恐龙灭绝距今的时间）
2.25 亿年	银河系公转一圈
7.1 亿年	铀 235（相对罕见）的半衰期
12.6 亿年	钾 40（我们体内就有亿万个）的半衰期
24 亿年	大氧化灾变距今的时间
45 亿年	地球的年龄
45.1 亿年	铀 238 的半衰期
46.3 亿年	太阳的年龄
137.5 亿年	宇宙的年龄
10 万亿年（312×10^{18} 秒）	估算的红矮星寿命
100 万亿年	恒星纪元（所有恒星燃尽或坍塌成黑洞的时间）
311.04 万亿年（约 9.8Zs）	印度神话中梵天的寿命
10^{34} 年	估算的质子半衰期
2×10^{67} 年	小型黑洞（质量和太阳差不多）的寿命
10^{100} 年	恒星、星系、黑洞……宇宙中几乎所有物质彻底消失的时间

从现在到永远

日常的时间流逝速度让我们得以体验诸多节律，例如每天的潮汐、季节的变化、树木的生长。但是，我们无法用肉眼观察到一朵花的绽放，或是跟踪子弹的轨迹——这样的速度超越了我们的能力谱系。尽管如此，非常快和非常慢的世界依然和我们的日常世界一样真实存在。乌龟会觉得自己爬得太慢吗？蜂鸟又知道自己的振翅速度有多快吗？或者蜂鸟会好奇地观察速度堪比蜗牛的我们？

神经学家奥利佛·萨克斯曾动人地描述过一位近乎紧张症的患者以同一个姿势静坐几个小时的场景。直到很久以后，萨克斯才意识到，实际上那个人在动：他正在擦自己的鼻子，但是由于速度太慢，他花了一个小时才把手举到脸上。而另一位病人生活在谱系的另一端，她可以毫不费力地抓住半空中的苍蝇，因为在她眼里，这只昆虫飞得懒洋洋的。这两个案例中的病人都没有意识到他们的时间与我们的有何区别。今天，医生们开始发现，时间——或者更确切地说，是个人的时间感与周围时间流逝速度的错位——可能是诸多身体和心理缺陷的关键因素，包括帕金森症和注意力缺失/多动障碍，甚至还有部分类型的自闭症和精神分裂症。

毫无疑问，时间是人类意识的关键元素。我们希望用仪器探索超越日常生活的世界层级，在这个过程中，时间也至关重要。说到底，只有通过时间，我们才能经历变化；无数细微不起眼的变化累积起来，庞大星系的运动才得以实现。

当然，时间的用途不仅仅是理顺世俗生活、测量原子或世代。20世纪的犹太神学家亚伯拉罕·约书亚·赫舍尔曾经写道：“要见到上帝，不必苦苦寻找圣地，而应该追寻神圣的时间。若要寻找深层的意义，或是期待与我们生活的宇宙建立更紧密的联系，那么显然，我们必须走出被动的舒适区，挑战时间的谜团。”

如果 137 亿年，甚至一万亿年仅仅是单个宇宙的寿命，另外还有千万个宇宙，那会是怎样？也许我们宇宙的寿命不过是另一个更大宇宙里的普朗克时间，而我们熟知的这个有无数恒星生存、死去的宇宙，不过是一闪即逝的光点，它存在的时间太短，甚至来不及测量。这是否意味着我们的人类尺度，我们的人类时间，就会因此变得不再重要，不再光辉？一切都取决于你看待的角度。

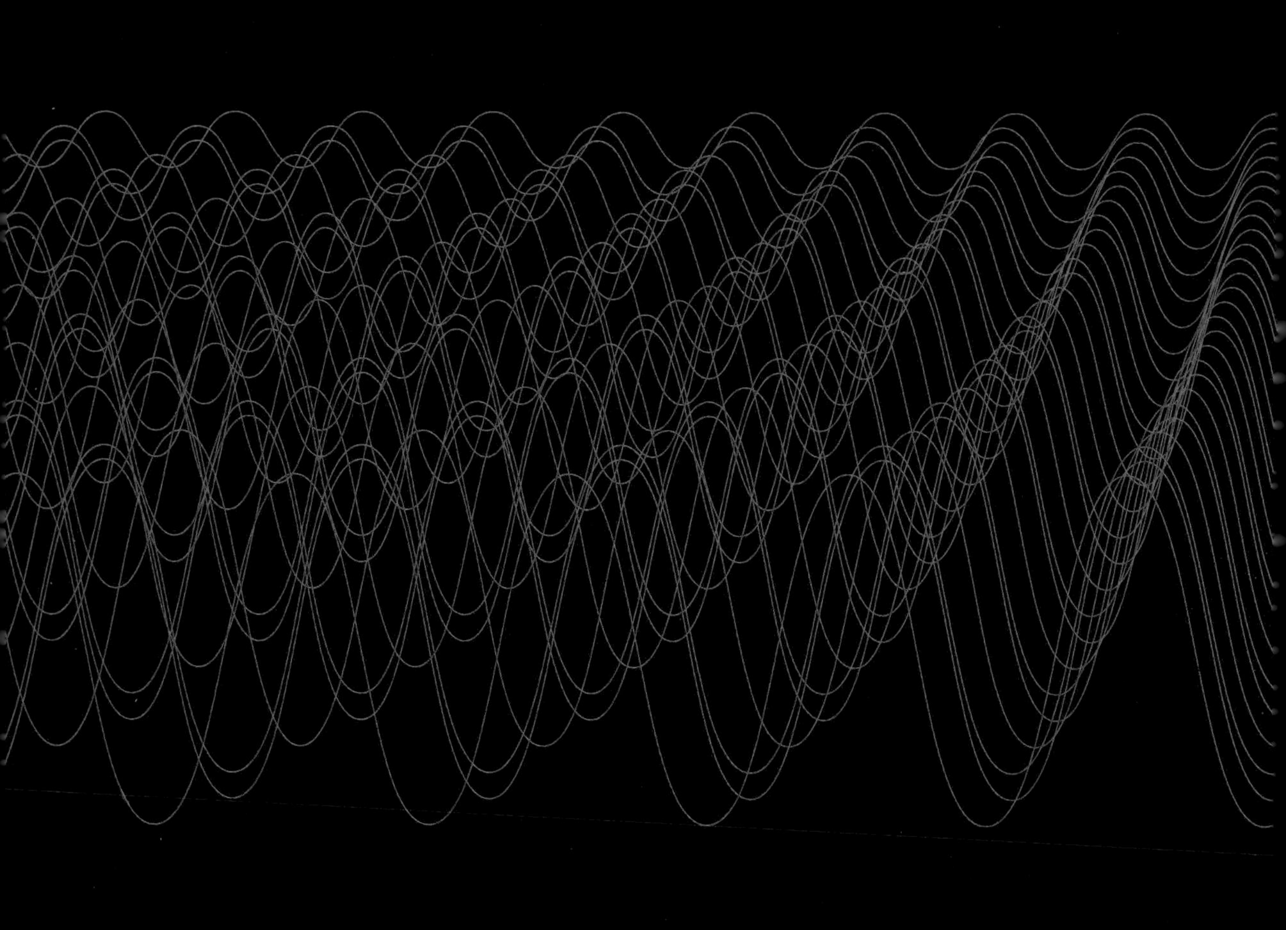

后记

想象力比知识更重要。

——阿尔伯特·爱因斯坦

据我们所知，人类是唯一拥有想象力的物种。所以，请和我一起想象：假如你是一粒能够穿越最致密岩石的中微子，你在原子内部和周围的广阔空间中游荡，就像飞船在行星与恒星之间航行；假如你是一个星系，享受着体内数十亿恒星部件扭动旋转的美妙感觉，就像在清晨伸一个懒腰；假如半空中正在举行一场喧闹的派对游戏，一个分子调皮地挤挤自己的邻居，传过去一条信息，声波以这种方式传递，最终挠了挠你的耳鼓。

“科学无法解决自然的终极谜题。因为在最后的分析中，我们自己也是我们试图解决的这个谜题的一部分。”

——马克斯·普朗克，物理学家

想象一下，假如你可以亲眼看到两个原子踏着缓慢的舞步，逐渐靠近，交换电子；然后再转过头，你还会看见，山脉从一片混沌中冒出头来，经历亿万年时间，水和空气瞬息万变的微小力量又逐渐将它侵蚀。这一切都如此真实，这一切都正在发生，哪怕我们只有通过脑子里想象的眼睛才能看到这些情景。

现在，再看看你的周围。和现实世界里的许多冒险故事一样，我们对外部世界和内部世界的探索还有最精彩的一幕，那就是回家。我们可以回到舒适的人类尺度里休息，但是我们已经知道，世界比我们熟知的更加复杂，更加有趣，更加——是的——可怕。可是现在，既然已经回来了，我们又该如何去理解自己在这片广阔谱系中的位置？

我们看见一朵玫瑰，于是试图把它层层细分——从细胞到分子，再到原子——探寻它的本质。然后我们发现了一个奇迹：这朵玫瑰是由数十亿年前爆发的超新星产生的星尘与残骸构建而成的。我们不光发现玫瑰的基本成分与我们自己完全一致，而且还有：从某个层面上说，我们很难找到“它”与“我们”之间的界限。

“我认为，意识至关重要。物质是意识的产物，我们不能落后于意识。我们谈论的一切，我们认为存在的一切，都是以意识为前提的。”

——马克斯·普朗克，物理学家

但是，如果带着新学到的知识回头望去，我们会发现一个更加震撼的视角：一枝玫瑰是高贵优雅的，而上万株玫瑰组成的花园堪称壮丽，二者完全不同。但我们无法说它们哪个更美，或者哪个更真实；玫瑰和玫瑰园都可被视为更大整体的一部分，又都可以进一步细分下去。

这就像探索音乐的各个层次：巴赫赋格曲中的一个音调，它在整段旋律中的地位，然后是整段的旋律，乃至巴赫作品的全集和巴洛克音乐的整体。或者换个方向，我们探究这一个音调，它的持续时间、颤音、共振，关于它的方方面面。这一个音节的共振能反映出整个巴洛克时代的壮丽吗？而这一个音节的清澈与饱满又是否能在那个时代的数百万音符之中得到充分的体现？又或者，这两种视角、两种尺度，都同样有价值、同样丰饶、同样崇高？

我们的生活也同样如此，我们就处在现在的中间世界里，夹在大与小、冷与热、慢与快之间。我们似乎微不足道——比灰尘上的灰尘更加渺小——而且我们到现在也很难看见，更别说掌握原子尺度或宇宙尺度的世界。但是，不要被表象所蒙蔽。恒星的尺寸和力量固然是我们的数万亿倍，但它就因此比我们更重要吗？一声巨响会吸引我们的注意力，但是否轻得多的声音也能起到同样效果？我们人类拥有宇宙和原子都不具备的东西：头脑。我们可以评估、欣赏；我们充满好奇、思维灵活；我们寻根究底、敢于梦想。在这个宏大的世界上——由维度和多重宇宙构建的家园里——谁说思想的意义就一定比不上质量或动量？

你也许还会说，创意和交流是我们的力载子，就像原子内外的光子一样，或者类似引力在恒星间扮演的角色。只有从中间世界的参照点出发，我们才能探索、思考种种谱系的全貌。

不幸的是，头脑可能还没有准备好接受我们发现的许多线索。事实上，我们所知的大部分关于宇宙的知识都非常的不可思议——我们的脑子会默默地盘算，它从理智上接受了这些说法并进行讨论，但实际上，这些理论太奇怪、太震撼，我们根本无法真正理解。所以，从一方面来说，毫无疑问，我们知道的东西肯定比一两个世纪以前的人多；但从另一方面来说，我们仍被困在中间世界里，我们对世界的理解一直停留在这个层次，或者说，所谓的理解实际上只是直觉式的感觉。

> 了解了这么多秘密，我们不再相信未知的东西。但秘密就在那里，静静地封上它的信笺。
>
> ——H. L. 门肯，讽刺作家

我们渴望相信，只要我们能理解各部分的知识，就能理解整体的全貌——而一旦理解了全貌，我们终将明白自己在其中的位置。只要搜集了足够的数据，我们就能预报天气；于是同样地，通过这种方式，我们也能理解时间的箭矢、解释九个月的婴儿在玩躲猫猫时发出的清脆笑声。这样的想法深入人心，但 21 世纪的科学让我们越来越清晰地看到，这样美好的未来暂时还不可能实现——或者永远不会实现。

我们站在临界点上，过去我们所知的大部分“真相”正在被颠覆，我们的孩子将在一个充满“如果”和“我们无法知道”的世界里长大。为了掌控方向，我们必须成长为好奇的探索者，用左脑处理数字的同时还得开发右脑的能力，才能以诗意的直觉去触摸那些不可思议的国度。如果真的无法找到答案，那么我们至少还能发现意义。

如果我们真有什么新的领悟，那便是山外有山，永远都有新的目标激励我们继续学习，永远都有新的远景点燃憧憬。我们叹服于世界的神秘，庆祝自己取得的成就，同时努力继续前行。这就是人类的天性：我们比较自己与别的事物，在与生俱来的好奇心驱使下不断拓展体验，绘制出越来越完整清晰的谱系。

致谢

“就算你完全看不到他们，听不到他们的呼声，但人终归是人，无论他有多小。”

——苏斯博士，《霍顿与无名氏！》（*Horton Hears a Who!*）

我要深深感谢的个人和组织可以列出一个长长的谱系，谢谢你们的启迪、教育和合作。首先，感谢我在奥斯汀从事艺术工作的父亲亚当·布拉特纳，他的头脑风暴和鼓励对我而言都是无价之宝。感谢我的代理人瑞德·波茨，他说服我开启了这个后来成为我职业生涯最大挑战的项目；还有我的出版商乔治·吉布森，他相信我能搞定。感谢我的编辑李·贝雷斯福德和设计师（同时也是我的老友）斯科特·西特仑，他们的贡献不可或缺。同样感谢南希·张伯伦、辛西娅·默尔曼和妮可·兰多特，她们检查校对了我的作品；感谢丽莎·西尔弗曼很好地领导了校对工作。

非常感谢美国自然历史博物馆、县图书馆系统和亚马逊网站，你们满足了我的嗜好。十分感谢“里昂的窝”、匹兹咖啡和兰多咖啡馆，要是没有你们提供“灵感的源泉”，那么这本书里的形容词会少很多很多；感谢蠢朋克乐队、狂喜乐团、加玛那乐队和让·米歇尔·雅尔，你们为本书提供了美妙的节拍；感谢 DEVONthink 专业版的开发者，你们帮助我将思维片段连缀成整体；感谢美丽的兰利客栈，那是本书最终成文的地方。感谢我的朋友和家人，包括加布里埃尔、丹尼尔、妈妈、理查德、阿利、唐、史努基、苏珊娜、达米安、露西娅、艾丽莎、保罗、卡米尔、佐伊、埃德娜、特德、露丝、格伦、杰夫、马可和安妮－玛丽。

最深的感谢献给我的妻子兼搭档——黛比·卡尔森，她不断让我认识到，文字是多么重要，生命充满魔力。

扩展阅读

如果需要其他的链接、证据和信息，请访问：www.spectrums.com

推荐书籍

Asimov, Isaac. *The Measure of the Universe: Our Foremost Science Writer Looks at the World Large and Small*. New York: Harper and Row, 1983.

Carroll, Sean. *From Eternity to Here: The Quest for the Ultimate Theory of Time*. New York: Dutton, 2010.

Davies, Paul. *The Goldilocks Enigma: Why Is the Universe Just Right for Life?* New York: Mariner Books, 2008.

Greene, Brian. *The Fabric of the Cosmos: Space, Time, and the Texture of Reality*. New York: Vintage, 2005.

Joseph, Christopher. *A Measure of Everything: An Illustrated Guide to the Science of Measurement*. Ontario: Firefly Books, 2006.

Kaku, Michio. *Hyperspace: A Scientific Odyssey Through Parallel Universes, Time Warps, and the 10th Dimension*. New York: Anchor, 1995.

Potter, Christopher. *You Are Here: A Portable History of the Universe*. New York: Harper Perennial, 2010.

Robinson, Andrew. *The Story of Measurement*. New York: Thames & Hudson, 2007.

Streever, Bill. Cold: *Adventures in the World's Frozen Places*. New York: Back Bay, 2010.

名词对照表

A New Refutation of Time	对时间的新驳斥
Abraham Joshua Heschel	亚伯拉罕·约书亚·赫舍尔
Abu Hamid al-Ghazzali	穆罕默德·安萨里
Adam Blatner	亚当·布拉特纳
Adar I	亚达月
Agni	阿耆尼
Albert Camus	阿尔贝·加缪
aleph null	阿列夫零
Alexander Graham Bell	亚历山大·格拉汉姆·贝尔
Alfred North Whitehead	阿尔弗雷德·诺思·怀特黑德
Alpha Centauri	半人马座阿尔法
ana/kata	安那 / 卡塔
Anaïs Nin	阿内丝·尼恩
Anaxagoras	阿那克萨哥拉
Anders Celsius	安德斯·摄尔修斯
André Malraux	安德烈·马尔罗
Andromeda galaxy	仙女座星系
angstrom	埃
Anthropocene	人类世
Antoine de Saint-Exupéry	托万·德·圣·埃克絮佩里
apeiron	阿派朗
Arthur Schopenhauer	亚瑟·叔本华
atomic force microscopy	原子力显微镜
Auguste Comte	奥古斯特·孔德
Avogadro's constant	阿伏伽德罗常数
b'ak'tun	伯克盾
Benoit Mandelbrot	本华·曼德博
Betelgeuse	参宿四

Bhagavad Gita	薄伽梵歌
Big Dipper	北斗七星
Blaise Pascal	布莱士·帕斯卡
Bobby Locke	博比·洛克
Boomerang Nebula	回力棒星云
Brahma	梵天
Brian Greene	布莱恩·格林
Brookhaven National Laboratory	布鲁克黑文国家实验室
buckminsterfullerene	巴克明斯特富勒烯
bumblebee bat	凹脸蝠
C. S. Lewis	C.S. 刘易斯
Calabi–Yau manifolds	卡拉比 - 丘流形
Canis Major dwarf galaxy	大犬座高密度区
Carl Friedrich Gauss	卡尔·弗雷德里希·高斯
Carl Sagan	卡尔·萨根
Carl Wieman	卡尔·威曼
Cassini spacecraft	卡西尼号航天器
Chandra Bahadur Dangi	张德拉·巴哈杜尔·丹奇
Charles Thilorier	查尔斯·梯劳里厄
Cherenkov radiation	切连科夫辐射
Clarence Birdseye	克雷伦斯·伯宰
Confession	忏悔录
Daniel Gabriel Fahrenheit	丹尼尔·加布里埃尔·华伦海特
Darren Aronofsky	达伦·阿罗诺夫斯基
David Blatner	大卫·布拉特纳
Dean Krakel	迪恩·克拉克尔
Delmore Schwartz	德尔莫·施瓦茨
Douglas Hofstadter	侯世达
Douglas R. Hofstadter	道格拉斯·理查·郝夫斯台特（侯世达）
Dr. Seuss	苏斯博士

Draper point	杜雷柏点
Dylan Thomas	狄兰・托马斯
Eadweard Muybridge	埃德沃德・迈布里奇
Edouard Manet	爱德华・马奈
Edward Kasner	爱德华・卡斯纳
ein-sof	无量
Elizabeth Barrett Browning	伊丽莎白・巴雷特・勃朗宁
Ellen DeGeneres	艾伦・德詹尼斯
Epsilon Orionis	参宿二
Eratosthenes	埃拉托斯特尼
Eric Cornell	埃里克・康奈尔
Ernst Mach	恩斯特・马赫
eternalism	永恒论
Etruscan pygmy shrew	小臭鼩
extremely low frequency	超低频波
Federal Office of Metrology	联邦度量衡鉴定局
Ferdinand Magellan	费南多・麦哲伦
fields of potential	势场
force carrier	力载子
Fred Hoyle	弗雷德・霍伊尔
furlong	浪
G. H. Hardy	G.H. 哈代
Galileo Galilei	伽利略・伽利莱
General Conference on Weights and Measures	国际计量大会
George Carlin	乔治・卡林
George Gibson	乔治・吉布森
googol	古戈尔
googolplex	古戈尔普勒克斯
Gottfried Leibniz	戈特弗里德・莱布尼茨
Great Oxygen Catastrophe	大氧化灾变
Gregory Bateson	格雷戈里・贝特森
grok	灵悟
Hans Reichenbach	汉斯・赖欣巴哈
Haumea	妊神星

Hayden Sphere	海登球
Heike Kamerlingh Onnes	海克・卡末林・昂内斯
Heinrich Hertz	海因里希・赫兹
Helsinki University of Technology	赫尔辛基理工大学
Hendrik Willem van Loon	房龙
Hibiscus flower	木槿花
Houston Astrodome	休斯敦阿斯托洛体育场
How the Grinch Stole Christmas	圣诞怪杰
Howard Bloom	霍华德・布卢姆
Hubble Space Telescope Ultra-Deep Field	哈勃望远镜超深空图像
imaginary number	虚数
International Committee for Weights and Measures	国际计量委员会
International Meridian Conference	国际子午线会议
J. B. S. Haldane	J.B.S. 霍尔丹
James Newman	詹姆斯・纽曼
James Turrell	詹姆斯・特瑞尔
James Ussher	詹姆斯・乌雪
Japanese Bunraku play	日本文乐木偶戏
Jeanne Calment	珍妮・卡尔芒
John Cage	约翰・凯奇
John Locke	约翰・洛克
John William Draper	约翰・威廉・杜雷柏
Jorge Luis Borges	豪尔赫・路易斯・博尔赫斯
Juha Tuoriniemi	尤哈・托瑞涅米
Julian year	儒略年
Kabbalah	卡巴拉
Kalid Azad	卡利德・阿扎德
Kiribati	基里巴斯
KISS	接吻乐团
Krakatau	喀拉喀托火山
Kuiper belt	柯伊伯带
Lea Beresford	李・贝雷斯福德
Lene Vestergaard Hau	莱娜・韦斯特高・豪
Leonard Mlodinow	伦纳德・姆沃迪瑙

Leonhard Euler	莱昂哈德・欧拉
Leviticus	利未记
Lituya Bay	利图亚湾
Local Group	本星系群
long scale	长级差制
Lorentz contraction	洛仑兹压缩
Luis Orozco	路易斯・欧若克
Magellanic Cloud	麦哲伦星系
Many-Worlds Interpretation	多世界诠释
Mathematics and the Imagination	数学与想象
Mauna Kea	冒纳凯阿火山
Mauritius	毛里求斯
Max Planck	马克斯・普朗克
maya	摩耶
Maya Long Count calendar	玛雅长计历
Metamagical Themas	文字游戏
Methuselah	玛土撒拉
methyl salicylate	水杨酸甲酯
Michael Phelps	迈克尔・菲尔普斯
Michele Besso	米给雷・贝索
mille passuum	千步组
Milorad Čavić	米洛拉德・查维奇
Milton	米尔顿
National Cowboy Hall of Fame	国家牛仔名人堂
UK National Physical Laboratory	英国国家物理实验室
Neanderthal	尼安德特人
Nicholas Fattu	尼古拉斯・法图
Nigel Tufnel	奈基・塔夫诺
North American wood frog	北美树蛙
Oliver Sacks	奥利佛・萨克斯
Oort cloud	奥尔特云
orca whale	虎鲸
Philip Davis	菲利普・戴维斯
Poincaré dodecahedron	庞加莱十二面体

porpoise	鼠海豚
Rapanui	拉帕努伊人
Ray Bradbury	雷・布莱伯利
Reid Boates	瑞德・波茨
Relativistic Heavy Ion Collider	相对论重离子对撞机
reticulated python	网纹蟒
Reuben Hersh	鲁本・赫什
Richard Dawkins	理查德・道金斯
Rig Veda	梨俱吠陀
Robert Goddard	罗伯特・戈达德
Robert Oppenheimer	罗伯特・奥本海默
Robert Wadlow	罗伯特・瓦德罗
Royal Society of Chemistry	英国皇家化学学会
Saint Augustine of Hippo	希波的圣奥古斯丁
Salvador Dalí	萨尔瓦多・达利
Satyendra Nath Bose	萨特延德拉・纳特・玻色
Scotch tape	思高胶带
Scott Citron	斯科特・西特仑
Sears Tower	西尔斯大楼
Sedna	赛德娜
short scale	短级差制
sidereal period	恒星周期
Sirr	玄机
Sisyphus cooling	西西弗斯冷却
Sloan Great Wall	斯隆巨壁
Solar and Heliospheric Observatory satellite	太阳和太阳圈探测卫星
space-time continuum	时空连续统
spukhafte Fernwirkung	量子纠缠
Standard Time Act	标准时法案
Stanley Skewes	斯坦利・斯奎斯
Stelliferous era	恒星纪元
Stephen Hawking	史蒂芬・霍金
Steve Grand	史蒂夫・格兰德
Steve Miller	史蒂夫・米勒

Steven Wright	史蒂文・赖特
supercritical fluid	超临界流体
Svithjod	斯夫兹约德
switching transistor	切换式晶体管
tachyon	快子
temperature inversion	逆温
tesseract	四维超正方体
The Mathematical Experience	数学经验
The Rebel	反抗者
The Story of Mankind	人类的故事
The Who	谁人乐队
This Is Spinal Tap	摇滚万万岁
Tina Carvalho	蒂娜・卡瓦略
transcendental number	超越数
Transistor gate	晶体管门
William Thomson, later Lord Kelvin	威廉・汤姆森（开尔文男爵）
Usain "Lightning" Bolt	尤塞恩・"闪电"・博尔特
Viktor Frankl	维克多・弗兰克
Virgo supercluster	室女座超星系团
Vostok Station	沃斯托克科考站
Voyager 1	旅行者 1 号
VY Canis Majoris	大犬座 VY
Walt Whitman	沃尔特・惠特曼
Warren Buffett	沃伦・巴菲特
Wayne Teasdale	韦恩・提士道
William Thomson	威廉・汤姆森
William Wordsworth	威廉・华兹华斯
wind shear	风切变
Wint-O-Green Life Saver	薄荷硬糖
Wolfgang Ketterle	沃尔夫冈・克特勒